拟内插式算子的逼近

张更生 著

科学出版社

北京

内 容 简 介

算子逼近是国内外逼近论界研究的热点之一, 提高算子的逼近阶是研究的主要目的. 为了获得更快的逼近速度, 一开始人们针对一些著名的古典算子引入了它们的线性组合. 后来人们又给出了一个提高逼近阶的新途径, 即引入了古典算子的所谓拟内插式算子, 这一方法又把逼近阶提高到了一个新的高度. 本书总结了 20 世纪 90 年代以来这方面的研究成果, 其内容主要包括 Bernstein 算子、Gamma 算子、Baskakov 算子、Szász-Mirakyan 算子, 以及其 Durrmeyer 变形算子和 Kantorovich 变形算子等的拟内插式算子的正、逆逼近定理, 逼近等价定理以及强逆不等式. 这些结果都是利用统一光滑模这一新的逼近工具得到的, 涵盖了以往许多用古典光滑模得到的结论.

本书可供高等院校数学与信息科学专业研究生、教师及有关数学工作者阅读, 也可供其他有关科技工作者参考.

图书在版编目(CIP)数据

拟内插式算子的逼近 / 张更生著. —北京: 科学出版社, 2019. 1
ISBN 978-7-03-059217-0

Ⅰ. ① 拟⋯ Ⅱ. ① 张⋯ Ⅲ. 线性算子–研究 Ⅳ. ① O177.1

中国版本图书馆 CIP 数据核字 (2018) 第 244251 号

责任编辑: 李 欣 李香叶 / 责任校对: 彭珍珍
责任印制: 张 伟 / 封面设计: 陈 敬

斜 学 出 版 社 出版

北京东黄城根北街 16 号
邮政编码: 100717
http://www.sciencep.com

北京九州迅驰传媒文化有限公司 印刷
科学出版社发行 各地新华书店经销
*
2019 年 1 月第 一 版 开本: 720 × 1000 1/16
2019 年 10 月第二次印刷 印张: 8
字数: 161 000
定价: 59.00 元
(如有印装质量问题, 我社负责调换)

前　　言

　　算子逼近是国内外逼近论界多年来研究的热点之一. 每年在许多纯粹数学和应用数学以及泛函分析、计算数学、逼近论等专业期刊上都有大量的文献发表. 美国的 Texas 州立大学、俄罗斯的 Steclov 数学研究所、德国的 Erlangen 大学数学研究所、加拿大的 Alberta 大学等都有一些知名数学家从事算子逼近论的研究. 20 世纪 50 年代, 泛函分析的方法及思想融入逼近论以及著名的 Korovkin 定理[50] 的建立, 使算子逼近论得以迅速发展. 前期主要成果总结在 1972 年 DeVore 名著 *The Approximation of Continuous Functions by Positive Linear Operators*[10] 中. 1972 年, Berens 和 Lorentz 在 [3] 中得到关于 Bernstein 算子的逆结果, 使得有关逆定理和等价定理的研究成为算子逼近研究的热点之一. 关于连续函数空间的逼近, 早期的工作主要以古典光滑模

$$\omega^r(f,t) = \sup_{0 < h \leqslant t} \|\Delta_h^r f\|$$

为逼近阶的刻画工具 (其中, 有关研究 Bernstein 算子及其变形的工作请参见 [48, 49, 11, 13, 5, 77], 有关研究 Gamma 算子及其变形的工作请参见 [61, 68, 83], 有关研究 Szász-Mirakyan 算子及其变形的工作请参见 [2, 67, 81, 82], 其他情形请参见 [6, 86, 56, 57, 12, 66, 65, 76]), 虽然这一工具对最佳逼近的逼近阶、逆定理等都是很有用的, 但它对一致逼近阶的刻画和逆定理以及 L_p 空间的逼近并不理想. 为了解决这一问题, Ditzian 和 Totik 在 [18] 中引入了光滑模 (称为 Ditzian-Totik 模)

$$\omega_\varphi^r(f,t) = \sup_{0 < h \leqslant t} \|\Delta_{h\varphi}^r f\|_{L_p}.$$

利用 Ditzian-Totik 模和 K-泛函的等价性, 他们研究了 Bernstein 算子、Gamma 算子、Szász 算子、Baskakov 算子及其 Durrmeyer 变形算子和 Kantorovich 变形算子对 $L_p(1 \leqslant p \leqslant +\infty)$ 空间中函数的逼近正、逆定理和带 Jacobi 权的逼近正、逆定理. 为了提高光滑模的阶, 人们引入一些著名算子的线性组合并研究了其逼近等价定理, 使光滑模的阶由 $\omega_\varphi^2(f,t)_p$ 提高到 $\omega_\varphi^{2r}(f,t)_p$. 截止到 20 世纪 80 年代, 其成果多总结在 Ditzian 和 Totik 的名著 *Moduli of Smoothness*[18] 中. 为了统一 Ditzian-Totik 光滑模和古典光滑模的结果, Ditzian 在文 [14] 中引入新的光滑模 (简称统一光滑模)

$$\omega_{\varphi^\lambda}^{2r}(f,t) \quad (0 \leqslant \lambda \leqslant 1),$$

用它研究了 Bernstein 算子的逼近正定理, 并在 [17] 中证明了此光滑模对多项式的最佳逼近也同样适用. 20 世纪 90 年代以来有关研究又集中在强逆不等式以及应用统一光滑模研究逼近等价定理, 取得了大量的成果 (其中, 有关研究 Bernstein 算子及其变形的工作请参见 [14,15,4,90,9,88,20,39,33,30,22,27,31,28,26,34,37,92,85,19], 有关研究 Szász-Mirakyan 算子及其变形的工作请参见 [52,94,21,32,55,54], 有关研究 Baskakov 算子及其变形的工作请参见 [89,38,51,36], 其他情形请参见 [17,91,47,16,93,84,62,7,8,25,70,60,59]).

20 世纪 90 年代以来, 人们提出了提高光滑模阶的又一途径, 引入了一些著名算子的拟内插式 (quasi-interpolants). "拟内插式" 的概念来源于样条逼近理论. Sablonnière 在 [71,72,73,74] 中首先定义了一类介于 Bernstein 算子和 Lagrange 内插投射 (interpolation projector) 之间的中间算子, 并称它们为 Bernstein 拟内插式算子, 自此以后很多研究者都把 Sablonnière 的定义应用到许多著名的线性正算子上. 那么什么叫算子的拟内插式呢? 下面给出它的定义[75].

设 $\mathcal{B}_n$ 和 $\mathcal{A}_n = \mathcal{B}_n^{-1}$ 是 Π_n 中的线性自同构 (Π_n 是次数不超过 n 的代数多项式的集合), 而且它们能够表示成如下形式的具有多项式系数的线性微分算子:

$$\mathcal{B}_n = \sum_{k=0}^{n} \beta_n^k D^k, \quad \mathcal{A}_n = \sum_{k=0}^{n} \alpha_n^k D^k,$$

这里 $D = d/dx$, $D^0 = \mathrm{id}$. 一般来说, 如果多项式系数列 $\{\beta_n^k\}$ 和 $\{\alpha_n^k\}$ 能够计算出来, 我们就可以定义出算子 $\mathcal{B}_n$ 的拟内插式 $\mathcal{B}_n^{(r)}$ (严格地说应该称为左拟内插式):

$$\mathcal{B}_n^{(r)} = \mathcal{A}_n^{(r)} \circ \mathcal{B}_n \quad (0 \leqslant r \leqslant n),$$

其中

$$\mathcal{A}_n^{(r)} = \sum_{k=0}^{r} \alpha_k^n D^k \quad (0 \leqslant r \leqslant n).$$

显然地,

$$\mathcal{B}_n^{(0)} = \mathcal{B}_n, \quad \mathcal{B}_n^{(n)} = \mathrm{id},$$

进一步地, 当 $0 \leqslant r \leqslant n$ 时, 对所有的 $p \in \Pi_r$ 都有 $\mathcal{B}_n^{(r)} p = p$.

因为诸如 Bernstein 算子、Szász-Mirakyan 算子、Gamma 算子、Baskakov 算子以及它们的 Durrmeyer 变形算子和 Kantorovich 变形算子都可能满足上述条件, 所以人们便可以得到这些著名算子的拟内插式算子, 它们的具体形式见各章内容.

Sablonnière 在 [72] 中证明了当 $k = 1, 2, 3$ 时 (实际上, 当 $k = 1, 2$ 时, $B_n^{(k)} = B_n$), $\|B_n^{(k)}\|$ 关于 n 是一致有界的, 并提出猜想: 算子的范数序列 $\|B_n^{(k)}\|$ 对于固

定的 k 来说是关于 n 一致有界的. 基于这个猜想, 他证明了 $B_n^{(r)}$ 的收敛结果. 后来 Wu 在 [87] 中证明了这个猜想, 这是一个很重要的结论, 为以后的研究提供了重要的基础. 随后, Diallo 在 [78] 中介绍了 Szász-Mirakyan 拟内插式算子, 在 [79] 和 [80] 中分别给出了 Bernstein 拟内插式算子与 Szász-Mirakyan 拟内插式算子的逼近正定理. 1999 年, Sablonnière 在 [75] 中总结了前面的成果, 研究了 Bernstein 算子、Szász-Mirakyan 算子, 以及它们的 Durrmeyer 变形和 Kantorovich 变形算子的拟内插式的性质, 得出了一系列很有价值的结论, 为以后的研究打下了基础. 但是直到 Müller 在 [69] 中给出了 L_p 空间中 Gamma 算子的拟内插式逼近的正、逆定理以及逼近等价定理以前, 这些著名算子的逼近方法的中心问题都没有得到完全解决. 在这一方面 Müller 给出的是第一例, 但是还有大量的问题需要进一步研究, 如各种此类其余算子的逼近等价定理、同时逼近问题、带权逼近、强逆不等式等. 这些问题的研究是很有意义的. 当然这类问题的研究应该是有相当的难度, 需要一些新的工具和方法上的创新. 21 世纪初 P. Mache 和 D. H. Mache 在 [63] 中给出了 C 空间中 Bernstein 拟内插式算子的逼近的正、逆定理以及逼近等价定理, P. Mache 和 Müller 在 [64] 中给出了 Baskakov 拟内插式算子的逼近等价定理.

作者在导师郭顺生教授的指导下继续了这一方面的研究. 郭顺生教授自 20 世纪 80 年代以来一直致力于函数逼近论的研究, 早期他主要研究若干著名算子对有界变差函数逼近速度的问题, 首创应用概率论的方法解决了关于有界变差函数逼近问题, 使得这类问题得到最佳逼近阶, 目前仍有不少人沿此方向研究. 后来他和他的学生刘丽霞[25-28, 30, 54]、李翠香[21, 22, 51]、齐秋兰[32-34]、佟宏志等[31, 36-39, 55] 在 20 世纪 90 年代以后应用统一光滑模做了大量有关逼近等价定理和强逆不等式方面的研究, 取得了大量研究成果, 创造了有自己特色的方法, 积累了丰富的经验. 这些成果达到了国际先进水平, 得到国内外同行的认可和赞扬. 作者在这些研究基础上, 在郭顺生的指导下研究了一些著名算子的拟内插式的逼近等价定理与强逆不等式, 将过去的方法经验和现在的具体算子相结合, 得到了一系列的结论, 刘丽霞、齐秋兰、刘国芬等于作者工作的前后在这一方面也做了相应的工作, 本书把这些结果中的大部分整合在一起, 力争使得读者对此问题有一个比较全面的了解.

第 1 章介绍了一些概念和已有的结论, 是全书的预备知识. 第 2 章至第 7 章用统一光滑模做工具证明了几个古典算子的拟内插式算子的逼近正、逆定理和等价定理.

第 2 章讨论了 C 空间中 Bernstein 拟内插式算子的逼近正、逆定理以及等价定理[43], 这一结论包含了 [63, 79] 中的结果.

第 3 章于 L_∞ 空间推广了 [69] 中的结论, 用统一光滑模做工具得到了 L_∞ 空间中 Gamma 算子的拟内插式的带权逼近正、逆定理以及等价定理[46].

第 4 章给出了 Baskakov 拟内插式算子的点态逼近等价定理. 这一结果推广了 [64] 中的结果[35]. 对于这一算子, 本书只给出了其原算子的拟内插式算子的一类逼近结果, 算是抛砖引玉吧.

第 5 章得到了 C 空间中 Szász-Mirakyan 算子的拟内插式逼近正、逆定理以及等价定理[42], 这一结论包含了 [80] 中的结果.

第 6 章得到了 C 空间中 Bernstein-Durrmeyer 拟内插式算子的逼近正、逆定理[45].

第 7 章实际上解决了两个问题[44], 一是用统一光滑模研究了 C 空间中 Szász-Mirakyan Kantorovich 拟内插式算子, 得到了逼近等价定理. 二是用 Ditzian-Totik 模做工具研究了 L_p 空间中 Szász-Mirakyan Kantorovich 拟内插式算子的逼近等价定理, 对于这个问题给出了较为完美的解决.

强逆不等式在算子逼近论中是一个很重要的问题. 在文献 [8,16] 中研究了几种算子的强逆不等式, 但是这些结论都是用二阶光滑模 $\omega_\varphi^2(f,t)_p$. 第 8 章到第 11 章利用高阶光滑模得到了几个算子的拟内插式算子的 B 型强逆不等式. 这些结果是很有意义的. 我们没有得到 A 型强逆不等式. 我们猜想即使有, 证明可能也是很困难的.

第 8 章首次利用高阶光滑模得到了 Bernstein 拟内插式算子的 B 型强逆不等式[40], 推广了 [16] 中的结果.

第 9 章中得到了 Gamma 算子的拟内插式的 B 型强逆不等式[29].

第 10 章也是利用高阶光滑模得到了 Bernstein-Kantorovich 变形的拟内插式算子的强逆不等式[23].

第 11 章给出了 Bernstein-Durrmeyer 变形的拟内插式算子的强逆不等式[24].

最后, 我要由衷地感谢我的导师郭顺生教授. 多年来, 郭老师对于我的成长和进步始终给予热情的鼓励和支持. 同时, 我也感谢我的同事李翠香、刘丽霞、齐秋兰、刘国芬老师, 他们出色的工作是本书的重要组成部分. 河北师范大学对本书的出版给予了经费支持, 科学出版社的编辑给予了大力的帮助, 在此, 我们一并表示感谢.

限于作者的水平, 书中疏漏之处在所难免, 欢迎读者批评指正.

张更生

2018 年 1 月

目　　录

第 1 章　预备知识 ·· 1

1.1　符号与概念 ·· 1

1.2　已有的主要结论 ···································· 3

第 2 章　Bernstein 拟内插式算子的点态逼近 ············ 9

2.1　正定理 ·· 9

2.2　逆定理与等价定理 ·································· 12

第 3 章　Gamma 拟内插式算子的点态带权逼近 ·········· 18

3.1　$G_n^{(k)}(f,x)$ 的某些性质 ······················ 18

3.2　正定理 ·· 21

3.3　逆定理 ·· 24

第 4 章　Baskakov 拟内插式算子的点态逼近 ············ 28

4.1　正定理 ·· 28

4.2　逆定理 ·· 33

第 5 章　Szász-Mirakyan 拟内插式算子的点态逼近等价定理 ·· 38

5.1　正定理 ·· 38

5.2　逆定理 ·· 42

第 6 章　Bernstein-Durrmeyer 拟内插式算子的逼近 ····· 49

6.1　$M_n f$ 和 $M_n^{(2r-1)} f$ 的某些性质 ············ 49

6.2　正定理 ·· 50

6.3　逆定理 ·· 57

第 7 章　　Szász-Mirakyan Kantorovich 拟内插式算子的

　　　　　　逼近等价定理 ·· **64**

　　7.1　正定理 ··· 64

　　7.2　逆定理 ··· 71

第 8 章　　Bernstein 拟内插式算子的强逆不等式 ·················· **82**

　　8.1　预备引理 ·· 82

　　8.2　主要定理的证明 ·· 87

第 9 章　　Gamma 拟内插式算子的强逆不等式 ···················· **90**

　　9.1　预备引理 ·· 90

　　9.2　主要定理的证明 ·· 93

第 10 章　　Bernstein-Kantorovich 拟内插式算子的

　　　　　　强逆不等式 ·· **96**

　　10.1　预备引理 ··· 96

　　10.2　主要定理的证明 ··· 103

第 11 章　　Bernstein-Durrmeyer 拟内插式算子的

　　　　　　强逆不等式 ··· **106**

　　11.1　预备引理 ·· 106

　　11.2　主要定理的证明 ·· 110

参考文献 ···**114**

索引 ··**119**

第 1 章　预 备 知 识

1.1　符号与概念

这一节介绍一些本书中用到的具有共性的符号与概念, 避免每一章中重复叙述. 下面介绍一下本书中所涉及的七个著名的古典算子[18].

1. Bernstein 算子

$$B_n(f,x) = \sum_{k=0}^n f\left(\frac{k}{n}\right) p_{n,k}(x), \quad p_{n,k}(x) = \binom{n}{k} x^k (1-x)^{n-k},$$

这里 $x \in [0,1]$, $f \in C[0,1]$.

2. Bernstein-Durrmeyer 算子

$$M_n(f,x) = (n+1) \sum_{k=0}^n p_{n,k}(x) \int_0^1 p_{n,k}(t) f(t) dt,$$

这里 $x \in [0,1]$, $f \in L_p[0,1]$, $1 \leqslant p \leqslant \infty$, 其中 $L_\infty[0,1]$ 表示 $C[0,1]$, 下同.

3. Bernstein-Kantorovich 算子

$$K_n(f,x) = \sum_{k=0}^n p_{n,k}(x)(n+1) \int_{\frac{k}{n+1}}^{\frac{k+1}{n+1}} f(t) dt,$$

这里 $x \in [0,1]$, $f \in L_p[0,1]$, $1 \leqslant p \leqslant \infty$.

4. Szász-Mirakyan 算子

$$S_n(f,x) = \sum_{k=0}^\infty s_{n,k}(x) f\left(\frac{k}{n}\right), \quad s_{n,k}(x) = e^{-nx} \frac{(nx)^k}{k!},$$

这里 $x \in I =: [0,\infty)$, $f \in C_B(I)$ ($C_B(I)$ 表示在 I 上连续有界函数的集合).

5. Szász-Mirakyan Kantorovich 算子

$$U_n(f,x) = \sum_{k=0}^\infty s_{n,k}(x) n \int_{\frac{k}{n}}^{\frac{k+1}{n}} f(t) dt,$$

这里 $x \in I$, $f \in L_p(I)$, $1 \leqslant p \leqslant \infty$.

6. Gamma 算子

$$G_n(f,x) = \int_0^\infty g_n(x,t) f\left(\frac{n}{t}\right) dt, \ \ x \in I,$$

$$g_n(x,t) = \frac{x^{n+1}}{n!} e^{-xt} t^n,$$

(1.1.1)

这里 $f \in L_p(I), 1 \leqslant p \leqslant \infty$. 这个算子还有另一种表示方法[61]

$$G_n(f,x) = \frac{1}{n!} \int_0^\infty e^{-t} t^n f\left(\frac{nx}{t}\right) dt, \quad x \in I.$$

(1.1.2)

7. Baskakov 算子

$$V_n(f,x) = \sum_{k=0}^\infty f\left(\frac{k}{n}\right) p_{n,k}(x), \quad x \geqslant 0,$$

这里 $p_{n,k}(x) = \binom{n+k-1}{k} x^k (1+x)^{-n-k}$.

对于这些算子我们都可以按照前言所介绍的定义得到它们的拟内插式算子, 以后用 $\mathcal{B}_n^{(r)}$ 来泛指上述七种算子的拟内插式算子, 而用 $B_n^{(k)}(f,x), M_n^{(k)}(f,x), K_n^{(k)}(f,x), S_n^{(k)}(f,x), U_n^{(k)}(f,x), G_n^{(k)}(f,x), V_n^{(k)}(f,x)$ 分别表示 Bernstein 算子、Bernstein-Durrmeyer 算子、Bernstein-Kantorovich 算子、Szász-Mirakyan 算子、Szász-Mirakyan-Kantorovich 算子、Gamma 算子、Baskakov 算子的拟内插式算子. 用 $\{\alpha_n^k\}$ 表示除了 $K_n^{(k)}(f,x), U_n^{(k)}(f,x)$ 以外这些算子的拟内插式中的多项式系数, 它的含义依所研究的算子而定, 而用 $\hat\alpha_j^n(x)$ 表示 $K_n^{(k)}(f,x)$ 的多项式系数, $\tilde\alpha_j^n(x)$ 表示 $U_n^{(k)}(f,x)$ 多项式系数.

本书中的所有工作都是以光滑模和与之相对应的 K-泛函为工具得到的, 对于光滑模我们在前面做了一些介绍, 现在正式给出它们的定义. 首先给出统一光滑模以及与之对应的 K-泛函的定义.

$$\omega_{\varphi^\lambda}^{2r}(f,t)_\infty = \sup_{0<h\leqslant t} \sup_{x\pm rh\varphi^\lambda \in I} |\Delta_{h\varphi^\lambda}^{2r} f(x)|,$$

$$K_{\varphi^\lambda}(f,t^{2r})_\infty = \inf_{g\in W_\infty^{2r}(\varphi^\lambda,I)} \{\|f-g\|_\infty + t^{2r}\|\varphi^{2r\lambda} g^{(2r)}\|_\infty\},$$

$$\overline{K}_{\varphi^\lambda}(f,t^{2r})_\infty = \inf_{g\in W_\infty^{2r}(\varphi^\lambda,I)} \{\|f-g\|_\infty + t^{2r}\|\varphi^{2r\lambda} g^{(2r)}\|_\infty + t^{\frac{2r}{1-\lambda/2}}\|g^{(2r)}\|_\infty\},$$

其中 $0 \leqslant \lambda \leqslant 1, W_\infty^{2r}(\varphi^\lambda, I) = \{g \in C_B[0,\infty), g^{(2r-1)} \in \text{A.C.-loc}, \|g^{(2r)}\| < +\infty, \|\varphi^{2r\lambda} g^{(2r)}\| < +\infty\}$.

接下来, 给出 Ditzian-Totik 光滑模以及与之对应的 K-泛函的定义.

$$\omega_\varphi^{2r}(f,t)_p = \sup_{0 < h \leqslant t} \sup_{x \pm rh\varphi \in I} \|\Delta_{h\varphi}^{2r} f(x)\|_p,$$

$$K_\varphi(f, t^{2r})_p = \inf_{g \in W_p^{2r}(\varphi, I)} \{\|f - g\|_p + t^{2r}\|\varphi^{2r} g^{(2r)}\|_p\},$$

$$\overline{K}_\varphi(f, t^{2r})_p = \inf_{g \in W_p^{2r}(\varphi, I)} \{\|f - g\|_p + t^{2r}\|\varphi^{2r} g^{(2r)}\|_p + t^{4r}\|g^{(2r)}\|_p\},$$

其中 $1 \leqslant p \leqslant \infty$, $W_p^{2r}(\varphi, I) = \{g \in C_B[0, \infty), g^{(2r-1)} \in \text{A.C.}_{\cdot\text{loc}}, \|g^{(2r)}\|_p < +\infty, \|\varphi^{2r} g^{(2r)}\|_p < \infty\}$.

在以上这些光滑模的定义中, 对于 Bernstein 拟内插式算子和 Bernstein-Durrmeyer 拟内插式算子, 取 $I = [0, 1]$, $\varphi(x) = \sqrt{x(1-x)}$. 对于 Szász-Mirakyan 拟内插式算子、Szász-Mirakyan Kantorovich 拟内插式算子和 Baskakov 拟内插式算子, 取 $I = [0, +\infty)$, $\varphi(x) = \sqrt{x}$.

下面是大家都熟知的 K-泛函与光滑模之间的关系式[118], 这些关系式在一些定理证明中起着关键作用.

$$\omega_{\varphi^\lambda}^{2r}(f, t)_\infty \sim K_{\varphi^\lambda}(f, t^{2r})_\infty \sim \overline{K}_{\varphi^\lambda}(f, t^{2r})_\infty$$

和

$$\omega_\varphi^{2r}(f, t)_p \sim K_\varphi(f, t^{2r})_p \sim \overline{K}_\varphi(f, t^{2r})_p.$$

对于 Gamma 拟内插式算子所涉及的光滑模和 K-泛函与上面的稍有不同, 我们将在第 3 章中介绍.

最后我们规定用 $\|\cdot\|$ 表示 $\|\cdot\|_\infty$, 用 $\omega_{\varphi^\lambda}^{2r}(f, t)$ 表示 $\omega_{\varphi^\lambda}^{2r}(f, t)_\infty$, C 表示与 x 和 n 无关的正常数, 而且在不同的地方可以是不同的数.

1.2 已有的主要结论

1. 对于 Bernstein 拟内插式算子

$$B_n^{(k)}(f, x) = \sum_{j=0}^k \alpha_j^n(x) (D^j \circ B_n)(f, x) =: \sum_{j=0}^k \alpha_j^n(x) B_{n,j}(f, x),$$

Sablonnière 在 [75] 中给出了 $\alpha_j^n(x)$ 的递推公式

$$\alpha_0^n(x) = 1, \quad \alpha_1^n(x) = 0,$$
$$(k+1)(n-k)\alpha_{k+1}^n(x) = k(2x-1)\alpha_k^n(x) - \varphi^2(x)\alpha_{k-1}^n(x).$$

P. Mache 和 D. H. Mache 在 [63] 中计算了 $\alpha_j^n(x)$, 并且给出了下面两个表达式:

$$\alpha_j^n(x) = \sum_{r=0}^{j} (-1)^{j-r} \frac{(-nx)_r}{(-n)_r r!(j-r)!} x^{j-r},$$

这中间 $(a)_k =: \prod_{j-1}^{k}(a+j-1), (a)_0 =: 1(a \neq 0)$.

$$\alpha_j^n(x) = (1-2x)^{d(j)} \left(c_{j-1}^n \frac{\varphi^2(x)}{n^{j-1}} + c_{j-2}^n \frac{\varphi^4(x)}{n^{j-2}} \right.$$
$$\left. + \cdots + c_{\left[\frac{j+1}{2}\right]}^n \frac{\varphi^{2(i-\left[\frac{i+1}{2}\right])}(x)}{n^{\left[\frac{j+1}{2}\right]}} \right),$$

这中间 $j \geqslant 1, d(2m) = 0, d(2m+1) = 1$, 系数 c_{j-k}^n 关于 n 一致有界且与 x 无关. 这些表达式是十分重要的. 依据它们 P. Mache 和 D. H. Mache 在 [63] 中证明了一系列不等式, 进而得到了下面的等价定理(其中正定理是 Diallo 在 [79] 中证明的).

定理 A′　设 $f \in C[0,1], \varphi(x) = \sqrt{x(1-x)}, n \geqslant 2r-1, r \in N$. 那么对于 $0 < \alpha < r$, 以下两个命题等价:

(i) $\|B_n^{(2r-1)} f - f\|_\infty = O(n^{-\alpha})$.

(ii) $\omega_\varphi^{2r}(f,t)_\infty = O(t^{2\alpha})$. 　　　　　　　　　　　　　　　　(1.2.1)

第 2 章用统一光滑模 $\omega_{\varphi^\lambda}^{2r}(f,t)$ 扩展了上面的结果, 得到了等价定理、点态逼近等价定理. 这一结果发表于 [43].

定理 A　对于 $0 \leqslant \lambda \leqslant 1, 0 < \alpha < 2r$, 有下面的两个命题等价:

(i) $|B_n^{(2r-1)}(f,x) - f(x)| = O\left(\left(\frac{\delta_n^{1-\lambda}(x)}{\sqrt{n}} \right)^\alpha \right)$.

(ii) $\omega_{\varphi^\lambda}^{2r}(f,t) = O(t^{2\alpha})$, 　　　　　　　　　　　　　　　　(1.2.2)

其中 $\varphi(x) = \sqrt{x(1-x)}, \delta_n(x) = \max\left\{ \varphi(x), \frac{1}{\sqrt{n}} \right\} \sim \varphi(x) + \frac{1}{\sqrt{n}}$.

明显地, (1.2.1) 是 (1.2.2) 当 $\lambda = 1$ 时的情形.

2. 在 [69] 中, Müller 讨论了 Gamma 拟内插式算子

$$G_n^{(k)}(f,x) = \sum_{j=0}^{k} \alpha_j^n(x) D^j G_n(f,x), \quad 0 \leqslant k \leqslant n$$

的性质, 并给出了其逼近等价定理.

定理 B′　对于 $f \in L_p[0,\infty), 1 \leqslant p \leqslant \infty, \varphi(x) = x, n \geqslant 4r, r \in N$, $0 < \alpha < r$, 有

$$\|G_n^{(2r-1)} f - f\|_p = O(n^{-\alpha}) \quad 当且仅当 \quad \omega_\varphi^{2r}(f,t)_p = O(t^{2\alpha}). \tag{1.2.3}$$

第 3 章用统一光滑模 $\omega_{\varphi^\lambda}^{2r}(f,t)_w$ (这里 $w(x) = x^a(1+x)^b$, $a \geqslant 0$, b 任意的) 证明了 L_∞ 空间中 $G_n^{(2r-1)}(f,x)$ 的带权逼近问题, 主要结果如下[46].

定理 B 对于 $f \in L_\infty[0,\infty)$, $0 \leqslant \lambda \leqslant 1$, $\varphi(x) = x$, $w(x) = x^a(1+x)^b$, $n \geqslant 4r$, $0 < \alpha < 2r$, 有下面的两个等价命题:

(i) $|w(x)(G_n^{(2r-1)}(f,x) - f(x))| = O\left(\left(\dfrac{\varphi^{1-\lambda}(x)}{\sqrt{n}}\right)^\alpha\right)$.

(ii) $\omega_{\varphi^\lambda}^{2r}(f,t)_w = O(t^\alpha)$. $\hspace{3cm}$ (1.2.4)

显然地, 在 L_∞ 空间中, 当 $\lambda = 1$, $a = b = 0$ 时, (1.2.4) 就是 (1.2.3).

3. 第 4 章的研究对象是 Baskakov 拟内插式算子 $V_n(k, f, x)$, 即对于 $0 \leqslant k \leqslant n$,

$$V_n(k, f, x) = \sum_{j=0}^{k} \alpha_j^n (D^j \circ V_n)(f,x) =: \sum_{j=0}^{k} \alpha_j^n V_{n,j}(f,x).$$

在 [64] 中, 证明了如下等价结果.

定理 C′ 设 $f \in C_B[0,\infty)$, $\varphi(x) = \sqrt{x(1+x)}$, $n \geqslant 2r-1$, $r \in N$, 那么, 对于 $0 < \alpha < r$, 以下二者等价:

(i) $\|V_n(2r-1, f, x) - f(x)\|_\infty = O(n^{-\alpha})$.

(ii) $\omega_\varphi^{2r}(f,t)_\infty = O(t^{2\alpha})$. $\hspace{3cm}$ (1.2.5)

本章利用 $\omega_{\varphi^\lambda}^{2r}(f,t)$ 推广这个结果, 得到下面的点态逼近等价定理[35].

定理 C 对于 $0 \leqslant \lambda \leqslant 1$, $0 < \alpha < 2r$,

$$|V_n(2r-1, f, x) - f(x)| = O\left(\left(\dfrac{\delta_n^{1-\lambda}(x)}{\sqrt{n}}\right)^\alpha\right) \text{ 当且仅当 } \omega_{\varphi^\lambda}^{2r}(f,t) = O(t^\alpha), \quad (1.2.6)$$

这里 $\varphi(x) = \sqrt{x(1+x)}$, $\delta_n(x) = \max\left\{\varphi(x), \dfrac{1}{\sqrt{n}}\right\} \sim \varphi(x) + \dfrac{1}{\sqrt{n}}$.

明显地, (1.2.5) 是 (1.2.6) 中 $\lambda = 1$ 的特殊情形.

4. Szász-Mirakyan 拟内插式算子有如下的定义[80]:

$$S_n^{(r)} = A_n^{(r)} \circ S_n = \sum_{j=0}^{r} \alpha_j^n(x) D^j S_n(f,x) =: \sum_{j=0}^{r} \alpha_j^n(x) S_{n,j}(f,x), \quad 0 \leqslant r \leqslant n,$$

这里, $A_n^{(r)} = \sum_{j=0}^{r} \alpha_j^n D^j$.

在 [80] 中, Diallo 计算了 $\alpha_j^n(x)$, 得到了如下的表达式:

$$\alpha_0^n(x) = 1, \quad \alpha_1^n(x) = 0,$$

$$\alpha_j^n(x) = c_{j-1}^n \frac{x}{n^{j-1}} + c_{j-2}^n \frac{x^2}{n^{j-2}} + \cdots + c_{j'}^n \frac{x^{j-j'}}{n^{j'}}, \quad j \geqslant 2, \hspace{1cm} (1.2.7)$$

这里, $j' = \left[\left(\dfrac{j+1}{2}\right)\right]$, c_j^n 是不依赖于 n 的常数. 文献 [80] 中对于 $S_n^{(r)}$ 的一些逼近性质进行了研究.

定理 D′　设 $f \in C_B[0,\infty)$, $\varphi(x) = \sqrt{x}$, $n \geqslant 2r-1$, $r \in N$. 那么, 存在不依赖于 n 的常数 $C > 0$ 与 f 使得下式成立:

$$\|S_n^{(2r-1)}f - f\|_\infty \leqslant C\omega_\varphi^{2r}\left(f, \frac{1}{\sqrt{n}}\right)_\infty.$$

注意到在 [80] 中没有给出逆定理和等价定理. 第 5 章利用统一光滑模 $\omega_{\varphi^\lambda}^2(f,t)$ 推广了上述结果, 得到了如下等价定理[42].

定理 D　设 $f \in C_B[0,\infty)$, $\varphi(x) = \sqrt{x}$, $n \geqslant 4r$, $r \in N$, $0 \leqslant \lambda \leqslant 1$. 那么, 对于 $0 < \alpha < 2r$, 下面的两个命题等价:

(i) $|S_n^{(2r-1)}(f,x) - f(x)| = O\left(\left(\dfrac{\delta_n^{1-\lambda}(x)}{\sqrt{n}}\right)^\alpha\right)$.

(ii) $\omega_{\varphi^\lambda}^{2r}(f,t) = O\left(t^{2\alpha}\right)$,

这里, $\delta_n(x) = \max\left\{\varphi(x), \dfrac{1}{\sqrt{n}}\right\} \sim \varphi(x) + \dfrac{1}{\sqrt{n}}$.

5. 第 6 章研究了 Bernstein-Durrmeyer 拟内插式算子

$$M_n^{(2r-1)}(f,x) = \sum_{j=0}^{2r-1} \alpha_j^n(x)D^j M_n(f,x) =: \sum_{j=0}^{2r-1} \alpha_j^n(x)M_{n,j}(f,x)$$

的逼近性质. 其主要结果是如下的逼近等价定理[45].

定理 E　如果有 $f \in C[0,1]$, $\varphi(x) = \sqrt{x(1-x)}$, $n \geqslant 4r$, $r \in N$, $0 \leqslant \lambda \leqslant 1$, 以及 $0 < \alpha < 2r$, 下面的两个命题等价:

$$|M_n^{(2r-1)}(f,x) - f(x)| = O\left((n^{-\frac{1}{2}}\delta_n(x))^\alpha\right),$$

$$\omega_{\varphi^\lambda}^{2r}(f,t) = O(t^\alpha),$$

其中 $\delta_n(x) = \varphi(x) + \dfrac{1}{\sqrt{n}}$.

对于 Bernstein-Durrmeyer 算子拟内插式的多项式系数 $\alpha_j^n(x)$, Sablonnière 在 [75] 中给出了表达式. 这个表达式较为复杂, 这给估计它及其导数增加了困难, 我们将在第 6 章中和其他性质一并介绍.

6. 第 7 章讨论了 Szász-Mirakyan Kantorovich 拟内插式算子的逼近问题, Szász-Mirakyan Kantorovich 算子拟内插式是这样定义的:

$$U_n^{(r)} = \sum_{j=0}^r \widetilde{\alpha}_j^n(x)(D^j U_n)(f,x) =: \sum_{j=0}^r \widetilde{\alpha}_j^n(x)U_{n,j}(f,x), \quad 0 \leqslant r \leqslant n, \qquad (1.2.8)$$

在 [75] 中, Sablonnière 提供了 $\widetilde{\alpha}_j^n$ 和 Szász-Mirakyan 拟内插式算子中的多项式系数 $\alpha_j^n(x)$ 的关系式:

$$\widetilde{\alpha}_j^n(x) = \alpha_j^n(x) + D\alpha_{j+1}^n(x). \tag{1.2.9}$$

由 (1.2.9), 容易知道 $\widetilde{\alpha}_0^n(x) = 1$, $|\widetilde{\alpha}_1^n(x)| \leqslant \dfrac{C}{n}$. 在这一部分, 利用光滑模 $\omega_{\varphi^\lambda}^{2r}(f,t)_\infty$ $(0 \leqslant \lambda \leqslant 1)$ 和 $\omega_\varphi^{2r}(f,t)_p$ $(1 \leqslant p < \infty)$ 证明了 Szász-Mirakyan 算子拟内插式对于函数 $f \in L_p(I)\,(1 \leqslant p \leqslant \infty)$ 的正、逆定理和逼近等价定理, 主要结果如下[44].

定理 F 假定 $f \in L_p(I)$, $\varphi(x) = \sqrt{x}$, $n \geqslant 4r$, $r \in N$, $0 < \alpha < 2r$. 那么对于 $1 \leqslant p < \infty$, 有

$$\|U_n^{(2r-1)}(f,x) - f(x)\|_p = O((n^{-\frac{1}{2}})^\alpha) \quad 当且仅当 \quad \omega_\varphi^{2r}(f,t)_p = O(t^\alpha),$$

对于 $f \in C_B[0,\infty)$ 和 $0 \leqslant \lambda \leqslant 1$ 有

$$|U_n^{(2r-1)}(f,x) - f(x)| = O\left(\left(\frac{\delta_n^{1-\lambda}(x)}{\sqrt{n}}\right)^\alpha\right) \quad 当且仅当 \quad \omega_{\varphi^\lambda}^{2r}(f,t)_\infty = O(t^\alpha),$$

这里面 $\delta_n(x) = \max\left\{\varphi(x), \dfrac{1}{\sqrt{n}}\right\} \sim \varphi(x) + \dfrac{1}{\sqrt{n}}$.

7. 第 8 章首次利用高阶光滑模得到了 Bernstein 拟内插式算子的 B 型强逆不等式. 我们证明了下面的重要结果[40].

定理 G 设 $f \in C[0,1]$, $\varphi(x) = \sqrt{x(1-x)}$, $n \geqslant 4r$, $r \in N$. 则存在常数 k 使得对于 $l \geqslant kn$ 有

$$K_\varphi^{2r}(f,n^{-r}) \leqslant C\left(\frac{l}{n}\right)^r \left(\|B_n^{(2r-1)}f - f\| + \|B_l^{(2r-1)}f - f\|\right).$$

显然地, 这一结果当 $r = 1$ 时, $B_n^{(1)}(f,x) = B_n(f,x)$. 再利用 K-泛函与光滑模之间的关系就得到了如下结论: 亦即存在 $k > 1$ 使得

$$\omega_\varphi^2(f,t) \leqslant C(\|B_n(f,x) - f(x)\| + \|B_{kn}(f,x) - f(x)\|),$$

这正是 [16] 中的结果.

8. 第 9 章建立了 Gamma 算子的拟内插值算子 $G_n^{(2r-1)}(f,x)$ 在 L_p 空间的 B 型 (有关强逆不等式的分类可参考 [16]) 强逆不等式[29]. 主要结果如下.

定理 H 对于 $f \in L_p(I)$, $1 \leqslant p \leqslant \infty$, 存在常数 $k > 1$ 使得对于 $l \geqslant kn$, 有

$$\omega_\varphi^{2r}\left(f, \frac{1}{\sqrt{n}}\right)_p \leqslant C\left(\frac{l}{n}\right)^r \left(\|G_n^{(2r-1)}f - f\|_p + \|G_l^{(2r-1)}f - f\|_p\right).$$

9. Bernstein-Kantorovich 拟内插式算子的定义为[53, 75]

$$K_n^{(r)}(f,x) = \sum_{j=0}^r \hat{\alpha}_j^n(x) D^j K_n(f,x) =: \sum_{j=0}^r \hat{\alpha}_j^n(x) K_{n,j}(f,x),$$

其中 $\hat{\alpha}_j^n(x) \in \Pi_j$ 并且[75]

$$\hat{\alpha}_j^n(x) = \alpha_j^{n+1}(x) + D\alpha_{j+1}^{n+1}(x),$$

$\hat{\alpha}_0^n(x) = 1$. 所以有

$$B_n^{(0)}(f, x) = B_n(f, x), \quad K_n^{(0)}(f, x) = K_n(f, x).$$

由文 [63, 75] 知 $B_n^{(r)}(f, x)$ 和 $K_n^{(r)}(f, x)$ 是有界线性算子, 并且对于 $p \in \Pi_r$, 有

$$B_n^{(r)}(p, x) = K_n^{(r)}(p, x) = p(x).$$

在文 [53, 63] 中已经得到了 $B_n^{(2r-1)}(f, x)$ 和 $K_n^{(2r-1)}(f, x)$ 两个算子的逼近定理. 我们这里利用高阶光滑模给出并证明了 $K_n^{(2r-1)}f$ 拟内插式算子的 B 型强逆不等式[23].

定理 I　如果 $f \in L_\infty[0,1]$, $\varphi(x) = \sqrt{x(1-x)}$, $n \geqslant 4r$, $r \in N$, 那么存在一个常数 k, 当 $l \geqslant kn$ 时, 有

$$w_\varphi^{2r}\left(f, \frac{1}{\sqrt{n}}\right) \leqslant C\left(\frac{l}{n}\right)^r \left(\parallel K_n^{(2r-1)}f - f \parallel_\infty + \parallel K_l^{(2r-1)}f - f \parallel_\infty\right).$$

10. 第 11 章证明了 Bernstein-Durrmeyer 拟内插式算子的 B 型强逆不等式[24].

定理 J　设 $f \in L_p[0,1]$ $(1 < p \leqslant \infty)$, $\varphi(x) = \sqrt{x(1-x)}$, $n \geqslant 4r$, $r \in N$, 则存在一个常数 k 使得对于 $l \geqslant kn$, 有

$$\omega_\varphi^{2r}\left(f, \frac{1}{\sqrt{n}}\right)_p \leqslant C\left(\frac{l}{n}\right)^r \left(\|M_n^{(2r-1)}f - f\|_p + \|M_l^{(2r-1)}f - f\|_p\right).$$

我们知道, 在算子逼近中用高阶光滑模控制的强逆不等式还为数不多, 所以说这些结果是有意义的.

第 2 章　　Bernstein 拟内插式算子的点态逼近

2.1　正　定　理

本章我们将给出 Bernstein 拟内插式算子的点态逼近正、逆定理和等价定理. Bernstein 算子是古典著名算子最具有代表性的算子, 所以它的拟内插式算子的逼近性质证明方法也是具有代表性的. 我们在证明本节的主要定理时将用到下面的结果, 为了使用方便, 我们将它列示在这里. 这些结果可以在 [63] 中找到.

引理 2.1.1 [63]　(1) 对于 $j \geqslant 2$ 以及 $x \in E_n^c = \left[0, \dfrac{1}{n}\right] \cup \left[1 - \dfrac{1}{n}, 1\right]$, 有

$$|\alpha_j^n(x)| \leqslant Cn^{-j},$$
$$\left|D^r(\alpha_j^n(x))\right| \leqslant Cn^{-j+r}. \tag{2.1.1}$$

(2) 对于 $j \geqslant 2$ 和 $x \in E_n = \left[\dfrac{1}{n}, 1 - \dfrac{1}{n}\right]$, 有

$$|\alpha_{2m}^n(x)| \leqslant Cn^{-m}\varphi^{2m}(x),$$
$$|\alpha_{2m+1}^n(x)| \leqslant Cn^{-m-\frac{1}{2}}\varphi^{2m+1}(x), \tag{2.1.2}$$
$$|D^r\alpha_{2m}^n(x)| \leqslant Cn^{-m+\frac{r}{2}}\varphi^{2m-r}(x),$$
$$|D^r\alpha_{2m+1}^n(x)| \leqslant Cn^{-m+\frac{r-1}{2}}\varphi^{2m-r+1}(x). \tag{2.1.3}$$

有了上面的结果, 便可以证明逼近正定理.

定理 2.1.2　如果 $\varphi(x) = \sqrt{x(1-x)}, \delta_n(x) = \max\left\{\varphi(x), \dfrac{1}{\sqrt{n}}\right\}, 0 \leqslant \lambda \leqslant 1,$
$n \geqslant 2r - 1$, 那么对于 $f \in C[0,1]$, 有

$$\left|B_n^{(2r-1)}(f,x) - f(x)\right| \leqslant C\omega_{\varphi^\lambda}^{2r}\left(f, \frac{\delta_n^{1-\lambda}(x)}{\sqrt{n}}\right). \tag{2.1.4}$$

证明　由 $\overline{K}_{\varphi^\lambda}^{2r}(f, t^{2r})$ 的定义, 对于固定的 n, x, λ, 可以选取 $g(t) = g_{\lambda,n,x}(t)$ 使得

$$
\|f-g\| + \left(\frac{\delta_n^{1-\lambda}(x)}{\sqrt{n}}\right)^{2r} \|\varphi^{2r\lambda}g^{(2r)}\| + \left(\frac{\delta_n^{1-\lambda}(x)}{\sqrt{n}}\right)^{\frac{2r}{1-\lambda/2}} \|g^{(2r)}\|
$$

$$
\leqslant 2\overline{K}_{\varphi^\lambda}^{2r}\left(f, \left(\frac{\delta_n^{1-\lambda}(x)}{\sqrt{n}}\right)^{2r}\right).
$$

已经知道 $\|B_n^{(k)}\| \leqslant M$, 其中 M 是一个不依赖于 n 的常数[63].

因为对于 $p \in \Pi_k$, 有 $B_n^{(k)}p = p$ (参见 [63, p160]), 所以有

$$
\begin{aligned}
&|B_n^{(2r-1)}(f,x) - f(x)| \\
&\leqslant C\left(\|f-g\| + |B_n^{(2r-1)}(g,x) - g(x)|\right) \\
&= C\left(\|f-g\| + |B_n^{(2r-1)}(R_{2r}(g,\cdot,x),x)|\right) \\
&=: C(\|f-g\| + I),
\end{aligned} \tag{2.1.5}
$$

这里 $R_{2r}(g,\cdot,x) = \dfrac{1}{(2r-1)!}\displaystyle\int_x^t (t-u)^{2r-1}g^{(2r)}(u)du$.

这里只需要估计 I. 因为 $\alpha_0^n = 1, \alpha_1^n = 0$[63], 于是有

$$
\begin{aligned}
I &\leqslant |B_n(R_{2r}(g,\cdot,x),x)| + \left|\sum_{j=2}^{2r-1} \alpha_j^n(x)D^j B_n(R_{2r}(g,\cdot,x),x)\right| \\
&=: I_0 + \left|\sum_{j=2}^{2r-1} \alpha_j^n(x)I_j\right|.
\end{aligned} \tag{2.1.6}
$$

从 [63] 中可以知道

$$
I_0 \leqslant C\omega_{\varphi^\lambda}^{2r}\left(f, \frac{\delta_n^{1-\lambda}(x)}{\sqrt{n}}\right). \tag{2.1.7}
$$

为了估计 I_j 要考虑两种情形: $x \in E_n^c$ (情形 1) 和 $x \in E_n$ (情形 2).

对于 $x \in E_n^c$ (情形 1), 用公式 (参见 [63, (1.6)], [18])

$$
B_{n,j}(f,x) = \frac{n!}{(n-j)!}\sum_{k=0}^{n-j} p_{n-j,k}(x)\left(\overrightarrow{\Delta}_{\frac{1}{n}}^j f\right)\left(\frac{k}{n}\right) \tag{2.1.8}
$$

以及 [39, (2.7), (2.9)], 有

$$
\begin{aligned}
|I_j| &= |D^j B_n(R_{2r}(g,\cdot,x),x)| \\
&= \left|\frac{n!}{(n-j)!}\sum_{k=0}^{n-j} p_{n-j,k}(x)\overrightarrow{\Delta}_{\frac{1}{n}}^j\left(\frac{1}{(2r-1)!}\int_x^{\frac{k}{n}}\left(\frac{k}{n}-u\right)^{2r-1}g^{(2r)}(u)du\right)\right|
\end{aligned}
$$

$$\leqslant \frac{n!}{(n-j)!} \sum_{k=0}^{n-j} p_{n-j,k}(x) \sum_{i=0}^{j} \binom{j}{i} \left| \int_x^{\frac{k+i}{n}} \left(\frac{k+i}{n} - u \right)^{2r-1} g^{(2r)}(u) du \right|$$

$$\leqslant C n^j \sum_{k=0}^{n-j} p_{n-j,k}(x) \sum_{i=0}^{j} \|\delta_n^{2r\lambda} g^{(2r)}\| \frac{\left(\frac{k+j}{n} - x \right)^{2r}}{\delta_n^{2r\lambda}(x)}$$

$$\leqslant C n^j \delta_n^{-2r\lambda}(x) \|\delta_n^{2r\lambda} g^{(2r)}\|$$

$$\times \sum_{i=0}^{j} \sum_{k=0}^{n-j} p_{n-j,k}(x) \left(\left(\frac{k}{n-j} - x \right)^{2r} + \left(\frac{i}{n} \right)^{2r} + \left(\frac{k}{n-j} - \frac{k}{n} \right)^{2r} \right)$$

$$\leqslant C n^j \left(\frac{\delta_n^{1-\lambda}(x)}{\sqrt{n}} \right)^{2r} \|\delta_n^{2r\lambda} g^{(2r)}\|. \tag{2.1.9}$$

注意到当 $x \in E_n^c$ 时, $|\alpha_j^n(x)| \leqslant C n^{-j}$ 以及 $\delta_n(x) \sim \frac{1}{\sqrt{n}}$, 所以由 (2.1.6), (2.1.8) 和 (2.1.9) 可得

$$\left| \sum_{j=2}^{2r-1} \alpha_j^n(x) I_j \right|$$

$$\leqslant C \left(\frac{\delta_n^{1-\lambda}(x)}{\sqrt{n}} \right)^{2r} \|\delta_n^{2r\lambda} g^{(2r)}\|$$

$$\leqslant C \left(\frac{\delta_n^{1-\lambda}(x)}{\sqrt{n}} \right)^{2r} \|\varphi^{2r\lambda} g^{(2r)}\| + \left(\frac{\delta_n^{1-\lambda}(x)}{\sqrt{n}} \right)^{\frac{2r}{1-\lambda/2}} \|g^{(2r)}\|. \tag{2.1.10}$$

对于 $x \in E_n$ (情形 2), $\delta_n(x) \sim \varphi(x)$, 由公式[18, 63]

$$D^j p_{n,k}(x) = \sum_{i=0}^{j} \left(\frac{\sqrt{n}}{\varphi(x)} \right)^{j+i} \left| \frac{k}{n} - x \right|^i p_{n,k}(x)$$

以及 [39, (2.7), (2.10)], 有

$$|I_i|$$

$$= \left| D^j \sum_{k=0}^{n} p_{n,k}(x) \frac{1}{(2r-1)!} \int_x^{\frac{k}{n}} \left(\frac{k}{n} - u \right)^{2r-1} g^{(2r)}(u) du \right|$$

$$\leqslant C \sum_{k=0}^{n} \sum_{i=0}^{j} \left(\frac{\sqrt{n}}{\varphi(x)} \right)^{j+i} \left| \frac{k}{n} - x \right|^i p_{n,k}(x) \frac{\left(\frac{k}{n} - x \right)^{2r}}{\varphi^{2r\lambda}(x)} \|\varphi^{2r\lambda} g^{(2r)}\|$$

$$\leqslant C \sum_{i=0}^{j} \left(\frac{\sqrt{n}}{\varphi(x)} \right)^{j+i} \varphi^{-2r\lambda}(x) \|\varphi^{2r\lambda} g^{(2r)}\| \frac{\varphi^{2r+i}(x)}{n^{r+\frac{i}{2}}}.$$

于是再结合 (2.1.2), 有

$$\left| \sum_{j=2}^{2r-1} \alpha_j^n(x) I_j \right|$$

$$\leqslant C \left(\frac{\varphi^{(1-\lambda)}(x)}{\sqrt{n}} \right)^{2r} \| \varphi^{2r\lambda} g^{(2r)} \|$$

$$= C \left(\frac{\delta_n^{1-\lambda}(x)}{\sqrt{n}} \right)^{2r} \| \varphi^{2r\lambda} g^{(2r)} \|. \tag{2.1.11}$$

这样由 (2.1.5), (2.1.7), (2.1.10) 和 (2.1.11) 得到

$$\left| B_n^{(2r-1)}(f,x) - f(x) \right| \leqslant C \omega_{\varphi^\lambda}^{2r} \left(f, \frac{\delta_n^{1-\lambda}(x)}{\sqrt{n}} \right). \qquad \Box$$

如果 $\lambda = 1$, 那么 (2.1.4) 就是 [79] 中的结果.

以上是逼近正定理, 2.2 节将证明逆定理和等价定理.

2.2　逆定理与等价定理

为了证明逼近逆定理需要下面的引理.

引理 2.2.1　对于 $n \geqslant 4r, r \in N, r \geqslant 2$, 有

$$\left| \varphi^{2r\lambda}(x) D^{2r} B_n^{(2r-1)}(f,x) \right| \leqslant C n^r \delta_n^{2r(\lambda-1)}(x) \|f\| \quad (f \in C[0,1]), \tag{2.2.1}$$

$$\left| \varphi^{2r\lambda}(x) D^{2r} B_n^{(2r-1)}(f,x) \right| \leqslant C \| \varphi^{2r\lambda} f^{(2r)} \| \quad (f \in w_\infty^{2r}(\varphi,[0,1])). \tag{2.2.2}$$

证明　首先证明 (2.2.1). 从 [63, (3.3)], $\| \varphi^{2r} D^{2r} B_n^{(2r-1)} \| \leqslant C n^r \|f\|$, 对于 $x \in E_n$, 有

$$\left| \varphi^{2r\lambda}(x) D^{2r} B_n^{(2r-1)}(f(x)) \right|$$

$$\leqslant \varphi^{2r(\lambda-1)}(x) \left\| \varphi^{2r} D^{2r} B_n^{(2r-1)} f \right\|$$

$$\leqslant C n^r \varphi^{2r(\lambda-1)}(x) \|f\|$$

$$\leqslant C n^r \delta_n^{2r(\lambda-1)}(x) \|f\|.$$

对于 $x \in E_n^c$, 从 [63, (3.3)] 中 $x \in E_n^c$ 的情形和 [18, (9.4.1)] 的证明过程注意到 $\| \varphi^{2r\lambda} \|_{E_n^c} \sim n^{-r\lambda}$, 容易得到

$$\left| \varphi^{2r\lambda}(x) D^{2r} B_n^{(2r-1)}(f,x) \right|$$

$$\leqslant C n^{2r} n^{-r\lambda} \|f\|$$

$$\leqslant C n^r \delta_n^{2r(\lambda-1)}(x) \|f\|.$$

所以有 (2.2.1) 成立.

现在证明 (2.2.2). 由于当 $x \in [0,1]$ 时, $\alpha_0^n = 1, \alpha_1^n = 0, \alpha_j^n \in \Pi_j (j \geqslant 2)$, 所以

$$\varphi^{2r\lambda}(x) D^{2r} B_n^{(2r-1)}(f,x)$$

$$=\varphi^{2r\lambda}(x) D^{2r}\left(\sum_{j=0}^{2r-1} \alpha_j^n(x) B_{n,j}(f,x)\right)$$

$$=\varphi^{2r\lambda}(x) B_{n,2r}(f,x) + \sum_{j=2}^{2r-1} \varphi^{2r\lambda}(x) \sum_{i=0}^{j}\binom{2r}{i} D^i\left(\alpha_j^n(x)\right) B_{n,2r+j-i}(f,x)$$

$$=\varphi^{2r\lambda}(x) B_{n,2r}(f,x) + S, \tag{2.2.3}$$

和 [28, (3.2)] 的证明方法类似, 对于 $x \in [0,1]$, 有

$$\left|\varphi^{2r\lambda}(x) B_{n,2r}(f,x)\right| \leqslant C\|\varphi^{2r\lambda} f^{(2r)}\|. \tag{2.2.4}$$

为了估计 S, 还分两种情形来考虑. 先考虑 $x \in E_n^c$ (情形 1)

$$\left|B_{n,2r+j-i}(f,x)\right|$$

$$=\left|\frac{n!}{(n-2r-j+i)!} \sum_{k=0}^{n-2r-j+i} p_{n-2r-j+i,k}(x)\right.$$

$$\left.\times \sum_{l=0}^{j-i}(-1)^{j-i-l}\binom{j-i}{l}\overrightarrow{\Delta}_{\frac{1}{n}}^{2r} f\left(\frac{k+l}{n}\right)\right|$$

$$\leqslant Cn^{2r+j-i}\left(\sum_{k=0}^{n-2r-j+i} p_{n-2r-j+i,k}(x)\left|\overrightarrow{\Delta}_{\frac{1}{n}}^{2r} f\left(\frac{k}{n}\right)\right|\right.$$

$$+ \sum_{k=0}^{n-2r-j+i} p_{n-2r-j+i,k}(x)\left|\overrightarrow{\Delta}_{\frac{1}{n}}^{2r} f\left(\frac{k+j-i}{n}\right)\right|$$

$$\left.+ \sum_{k=0}^{n-2r-j+i} p_{n-2r-j+i,k}(x) \sum_{l=1}^{j-i-1}\left|\overrightarrow{\Delta}_{\frac{1}{n}}^{2r} f\left(\frac{k+l}{n}\right)\right|\right)$$

$$=: Cn^{2r+j-i}(I_1 + I_2 + I_3). \tag{2.2.5}$$

观察 [63, p171])

$$\left|\left(\overrightarrow{\Delta}_{\frac{1}{n}}^{2r} f\right)\left(\frac{k}{n}\right)\right| \leqslant C\begin{cases} n^{-r+1}\displaystyle\int_0^{\frac{2r}{n}} u^r\left|f^{(2r)}(u)\right| du, & k=0, \\[3mm] n^{-2r+1}\displaystyle\int_0^{\frac{2r}{n}}\left|f^{(2r)}\left(\frac{k}{n}+u\right)\right| du, & 0 < k \leqslant n-2r-1, \\[3mm] n^{-r+1}\displaystyle\int_{1-\frac{2r}{n}}^1 (1-u)^r\left|f^{(2r)}(u)\right| du, & k=n-2r \end{cases}$$

$$
\leqslant C \begin{cases} n^{-r}\big\|\varphi^{2r\lambda}f^{(2r)}\big\|n^{-r(1-\lambda)}, & k=0, \\[2mm] n^{-2r}\big\|\varphi^{2r\lambda}f^{(2r)}\big\|\left(\dfrac{k}{n}\right)^{-r\lambda}\left(1-\dfrac{k}{n}-\dfrac{2r}{n}\right)^{-r\lambda}, & k=1,2,\cdots,n-2r-1, \\[2mm] n^{-r}\big\|\varphi^{2r\lambda}f^{(2r)}\big\|n^{-r(1-\lambda)}, & k=n-2r. \end{cases}
$$

所以

$$
I_1 \leqslant C\Bigg(n^{-r}n^{-r(1-\lambda)}\big\|\varphi^{2r\lambda}f^{(2r)}\big\| + n^{-2r}\big\|\varphi^{2r\lambda}f^{(2r)}\big\|
$$

$$
\times \sum_{k=1}^{\min\{n-2r-1,\,n-2r-j+i\}=:m} p_{n-2r-j+i,k}(x)\left(\frac{k}{n}\right)^{-r\lambda}\left(1-\frac{k}{n}-\frac{2r}{n}\right)^{-r\lambda}\Bigg).
$$

由简单的计算容易得到[11]

$$
\sum_{k=1}^{m}\left(\frac{n}{k}\right)^{r}p_{n-2r-j+i,k}(x) \leqslant C\frac{1}{x^{r}},
$$

以及

$$
\sum_{k=1}^{m}\left(\frac{n}{n-k-2r}\right)^{r}p_{n-2r-j+i,k}(x) \leqslant C\frac{1}{(1-x)^{r}}.
$$

这样对于 $\lambda \neq 0$, 有

$$
\sum_{k=1}^{m} p_{n-2r-j+i,k}(x)\left(\frac{n}{k}\right)^{r\lambda}\left(\frac{n}{n-k-2r}\right)^{r\lambda}
$$

$$
\leqslant \left(\sum_{k=1}^{m} p_{n-2r-j+i,k}(x)\left(\frac{n}{k}\right)^{r}\left(\frac{n}{n-k-2r}\right)^{r}\right)^{\lambda}
$$

$$
\leqslant \left(2^{r}\sum_{k=1}^{m} p_{n-2r-j+i,k}(x)\left(\left(\frac{n}{k}\right)^{r}+\left(\frac{n}{n-k-2r}\right)^{r}\right)\right)^{\lambda}
$$

$$
\leqslant C\varphi^{-2r\lambda}(x). \tag{2.2.6}
$$

可以看出, 对于 $\lambda = 0$, (2.2.6) 也成立. 这样

$$
I_1 \leqslant C\big\|\varphi^{2r\lambda}f^{(2r)}\big\|n^{-2r}\big(n^{r\lambda}+\varphi^{-2r\lambda}(x)\big). \tag{2.2.7}
$$

类似可得

$$
I_2 \leqslant C\big\|\varphi^{2r\lambda}f^{(2r)}\big\|n^{-2r}\big(n^{r\lambda}+\varphi^{-2r\lambda}(x)\big). \tag{2.2.8}
$$

仿照 (2.2.6) 的证明, 可以推出

$$
I_3 \leqslant Cn^{-2r}\big\|\varphi^{2r\lambda}f^{(2r)}\big\|\varphi^{-2r\lambda}(x). \tag{2.2.9}
$$

由 (2.2.3)–(2.2.9) 以及 (2.1.1) 并注意到当 $x \in E_n^c$, $|\varphi(x)| \leqslant \dfrac{1}{\sqrt{n}}$ 可得到

$$\left| \varphi^{2r\lambda}(x) D^{2r} B_n^{(2r-1)}(f, x) \right| \leqslant C \|\varphi^{2r\lambda} f^{(2r)}\|, \quad x \in E_n^c. \tag{2.2.10}$$

下面考虑 $x \in E_n$ (情形 2). 当 $\lambda = 1$ 时, (2.2.2) 已经被证明[63]. 当 $0 < \lambda < 1$ 时, 现在估计 (2.2.3) 中的 S. 首先有 (参见 [63, p171])

$$\varphi^{2r\lambda}(x) \left| B_{n,2r+j-i}(f, x) \right| = \varphi^{2r\lambda}(x) \left| D^{j-i} B_{n,2r}(f, x) \right|$$

$$= \varphi^{2r\lambda}(x) \left| D^{j-i} \frac{n!}{(n-2r)!} \sum_{k=0}^{n-2r} p_{n-2r,k}(x) \overrightarrow{\Delta}_{\frac{1}{n}}^{2r} f\left(\frac{k}{n}\right) \right|$$

$$= \varphi^{2r\lambda}(x) \left| \frac{n!}{(n-2r)!} \sum_{k=0}^{n-2r} D^{j-i} p_{n-2r,k}(x) \overrightarrow{\Delta}_{\frac{1}{n}}^{2r} f\left(\frac{k}{n}\right) \right|$$

$$\leqslant C \varphi^{2r\lambda}(x) \frac{n!}{(n-2r)!} \sum_{k=0}^{n-2r} \left\{ \sum_{l=0}^{j-i} \left(\frac{\sqrt{n-2r}}{\varphi(x)} \right)^{j-i+l} \right.$$

$$\times \left. \left| \frac{k}{n-2r} - x \right|^l \right\} p_{n-2r,k}(x) \left| \overrightarrow{\Delta}_{\frac{1}{n}}^{2r} f\left(\frac{k}{n}\right) \right|$$

$$\leqslant C \varphi^{2r\lambda}(x) \frac{n!}{(n-2r)!} \sum_{l=0}^{j-i} \left(\frac{\sqrt{n-2r}}{\varphi(x)} \right)^{j-i+l} \left\{ \left(\sum_{k=0}^{n-2r} \left| \frac{k}{n-2r} - x \right|^{\frac{l}{1-\lambda}} p_{n-2r,k}(x) \right)^{1-\lambda} \right.$$

$$\times \left. \left(\sum_{k=0}^{n-2r} \left| \overrightarrow{\Delta}_{\frac{1}{n}}^{2r} f\left(\frac{k}{n}\right) \right|^{\frac{1}{\lambda}} p_{n-2r,k}(x) \right)^{\lambda} \right\}$$

$$= C \left(\frac{n!}{(n-2r)!} \right)^{1-\lambda} \sum_{l=0}^{j-i} \left(\frac{\sqrt{n-2r}}{\varphi(x)} \right)^{j-i+l} \left\{ \left(\sum_{k=0}^{n-2r} \left| \frac{k}{n-2r} - x \right|^{\frac{l}{1-\lambda}} p_{n-2r,k}(x) \right)^{1-\lambda} \right.$$

$$\times \left. \left(\sum_{k=0}^{n-2r} \frac{n!}{(n-2r)!} \varphi^{2r}(x) \left| \overrightarrow{\Delta}_{\frac{1}{n}}^{2r} f\left(\frac{k}{n}\right) \right|^{\frac{1}{\lambda}} p_{n-2r,k}(x) \right)^{\lambda} \right\}$$

$$=: C \left(\frac{n!}{(n-2r)!} \right)^{1-\lambda} \sum_{l=0}^{j-i} \left(\frac{\sqrt{n-2r}}{\varphi(x)} \right)^{j-i+l} \left\{ J_1 \cdot J_2 \right\}. \tag{2.2.11}$$

注意到 $\varphi^{2\lambda}\left(\dfrac{k}{n}\right) \leqslant \varphi^{2\lambda}\left(\dfrac{k}{n} + y\right)$, $0 < k < n - 2r$, $0 < y < \dfrac{2r}{n}$, 通过简单计算, 有

(参见 [18, p153 (9.7.1), p155(c)])

$$J_2 = \left(\sum_{k=0}^{n-2r} p_{n,k+r}(x)(k+r)\cdots(k+1)(n-r-k) \right.$$

$$\left. \cdots(n-2r-k+1)\left|\overrightarrow{\Delta}_{\frac{1}{n}}^{2r} f\left(\frac{k}{n}\right)\right|^{\frac{1}{\lambda}} \right)^{\lambda}$$

$$\leqslant \left\{ r!(n-2r+1)\cdots(n-r)\left(p_{n,r}(x)\left|\overrightarrow{\Delta}_{\frac{1}{n}}^{2r} f(0)\right|^{\frac{1}{\lambda}} \right.\right.$$

$$\left. + p_{n,n-r}(x)\left|\overrightarrow{\Delta}_{\frac{1}{n}}^{2r} f\left(\frac{n-2r}{n}\right)\right|^{\frac{1}{\lambda}} \right)$$

$$\left. + Cn^{2r}\sum_{k=1}^{n-2r-1} p_{n,k+r}(x)\left|\varphi^{2r\lambda}\left(\frac{k}{n}\right)\overrightarrow{\Delta}_{\frac{1}{n}}^{2r} f\left(\frac{k}{n}\right)\right|^{\frac{1}{\lambda}} \right\}^{\lambda}$$

$$\leqslant C\left\{ n^r\left(p_{n,r}(x)\left|n^{-r+1}\int_0^{\frac{2r}{n}} u^r f^{(2r)}(u)du\right|^{\frac{1}{\lambda}} \right.\right.$$

$$\left. + p_{n,n-r}(x)\left|n^{-r+1}\int_{1-\frac{2r}{n}}^1 (1-u)^r f^{(2r)}(u)du\right|^{\frac{1}{\lambda}} \right)$$

$$\left. + n^{2r}\sum_{k=1}^{n-2r-1} p_{n,k+r}(x)\left|n^{-2r+1}\int_0^{\frac{2r}{n}} \varphi^{2r\lambda}\left(\frac{k}{n}+u\right) f^{(2r)}\left(\frac{k}{n}+u\right)du\right|^{\frac{1}{\lambda}} \right\}^{\lambda}$$

$$\leqslant C\left\{ n^r\left(n^{-r}n^{-r(1-\lambda)}\left\|\varphi^{2r\lambda} f^{(2r)}\right\| \right)^{\frac{1}{\lambda}} + n^{2r}\left(n^{-2r}\left\|\varphi^{2r\lambda} f^{(2r)}\right\| \right)^{\frac{1}{\lambda}} \right\}^{\lambda}$$

$$\leqslant Cn^{-2r(1-\lambda)}\left\|\varphi^{2r\lambda} f^{(2r)}\right\|. \tag{2.2.12}$$

由 [18, (9.4.14)] 选取 $q \in N$ 使得 $2q(1-\lambda) > 1$, 于是有

$$J_1 \leqslant \left(\sum_{k=0}^{n-2r} \left(\frac{k}{n-2r}-x \right)^{2ql} p_{n-2r,k}(x) \right)^{\frac{1}{2q}}$$

$$\leqslant Cn^{-\frac{l}{2}}\varphi^l(x). \tag{2.2.13}$$

这样由 (2.2.3), (2.2.4), (2.2.11)–(2.2.13) 以及 (2.1.3), 对于 $0 < \lambda < 1$, 有

$$\left|\varphi^{2r\lambda}(x)D^{2r}B_n^{(2r-1)}(f,x)\right| \leqslant C\left\|\varphi^{2r\lambda} f^{(2r)}\right\|. \tag{2.2.14}$$

综合 (2.2.10), (2.2.14), 就可以证明 (2.2.2).　　　　　　　　　　　　　□

从上面的证明过程可以知道当 $\lambda = 0$ 时 ($\lambda = 1$ 是相似的) 不需要在 (2.2.11) 中用 Hölder 不等式就可得到 (2.2.14).

有了上面的引理, 容易得到逼近逆定理.

定理 2.2.2 设 $f \in C[0,1]$, $n \geqslant 4r$, $r \in N$, $0 \leqslant \lambda \leqslant 1$, $0 < \alpha < 2r$. 那么由

$$\left| B_n^{(2r-1)}(f,x) - f(x) \right| = O\left(\left(\frac{\delta_n^{1-\lambda}(x)}{\sqrt{n}} \right)^\alpha \right)$$

可推导出

$$\omega_{\varphi^\lambda}^{2r}(f,t) = O(t^\alpha).$$

证明 用引理 2.2.1 和 [28, p145] 中的必要性证明类似的方法就可得到定理 2.2.2. □

综合定理 2.1.2 和定理 2.2.2, 可得到等价定理, 即定理 A.

第 3 章　Gamma 拟内插式算子的点态带权逼近

3.1　$G_n^{(k)}(f,x)$ 的某些性质

在古典著名正线性算子里面, Gamma 算子是性质最特殊的一个算子, 所以它的拟内插式算子也有些特殊性质. 首先给出 Gamma 拟内插式算子 $G_n^{(k)}(f,x)$ 的一些有关性质, 这些性质在 [69] 中可以看到.

(1) 对于 $j \in N_0$, $N_0 = N \cup \{0\}$, $n \geqslant j$, 有 $\alpha_j^n(x) \in \Pi_j$ 且

$$\alpha_j^n(x) = \left(\frac{x}{n}\right)^j L_j^{(n-j)}(n), \quad \alpha_0^n(x) = 1, \quad \alpha_1^n(x) = 0,$$

这里对于 $\alpha \in R$

$$L_j^{(\alpha)}(x) = \sum_{r=0}^{j} (-1)^r \binom{j+\alpha}{j-r} \frac{x^r}{r!}$$

是 j 次 Laguerre 多项式.

(2) 对于 $j \in N_0$ 和 $n \geqslant j$, 有

$$\left| \frac{1}{n^j} L_j^{(n-j)}(n) \right| \leqslant C n^{-\frac{j}{2}}. \tag{3.1.1}$$

(3) 如果 $p \in \Pi_k$, 则

$$G_n^{(k)}(p,x) = p(x).$$

(4)

$$\frac{\partial^m}{\partial x^m} g_n(x,t) = \frac{m!}{x^m} g_n(x,t) L_m^{(n+1-m)}(xt). \tag{3.1.2}$$

(5)

$$(G_n f)^{(2r)}(x) = \frac{n^{2r}}{n!} \int_0^\infty e^{-t} t^{n-2r} f^{(2r)} \left(\frac{nx}{t}\right) dt$$

$$= \frac{n^{2r}(n-2r)!}{n!} \int_0^\infty g_{n-2r}(x,u) f^{(2r)} \left(\frac{n}{u}\right) du. \tag{3.1.3}$$

(6)

$$\int_0^\infty e^{-t} t^\alpha \left| L_j^{(\alpha)}(t) \right|^2 dt = \frac{\Gamma(j+\alpha+1)}{j!} \quad 对于 \quad \alpha > -1. \tag{3.1.4}$$

(7) 对于 $m, n, l \in N_0$, 有

$$\frac{1}{(n+l)!} \int_0^\infty e^{-t} t^{n+l} \left(\frac{nx}{t} - x\right)^m dt \leqslant C \frac{x^m}{n^{[(m+1)/2]}}. \tag{3.1.5}$$

为了证明下面的主要定理, 先给出两个引理.

引理 3.1.1 (1) 设 $w(x) = x^a(1+x)^b$, $a \geqslant 0$, $b \in R$, $x, u \in (0, \infty)$, 那么

$$\frac{w(x)}{w(u)} \leqslant 2^{|b|} \left(\left(\frac{x}{u}\right)^a + \left(\frac{x}{u}\right)^{a+b}\right). \tag{3.1.6}$$

(2) 对于 $\forall \beta \in R$, 有

$$\frac{1}{n!} \int_0^\infty e^{-t} t^n \left(\frac{n}{t}\right)^\beta dt \leqslant C(\beta). \tag{3.1.7}$$

证明 (1) 对于 $b \geqslant 0$, 有

$$\frac{w(x)}{w(u)} \leqslant \left(\frac{x}{u}\right)^a \left(1 + \frac{x}{u}\right)^b \leqslant 2^b \left(\left(\frac{x}{u}\right)^a + \left(\frac{x}{u}\right)^{a+b}\right).$$

对于 $b < 0$, 有

$$\frac{w(x)}{w(u)} \leqslant \left(\frac{x}{u}\right)^a \left(\frac{1+u}{1+x}\right)^{-b} \leqslant \left(\frac{x}{u}\right)^a \left(1 + \frac{u}{x}\right)^{-b} \leqslant 2^{|b|} \left(\left(\frac{x}{u}\right)^a + \left(\frac{x}{u}\right)^{a+b}\right).$$

(2) 直接计算或参看 [18, p165] 可得 (3.1.7). □

引理 3.1.2 对于 $n \geqslant k$, 有

$$\|w(x) G_n^{(k)}(f)\| \leqslant C \|wf\|. \tag{3.1.8}$$

证明

$$|w(x) G_n^{(k)}(f,x)| \leqslant |w(x) G_n(f,x)| + \left|w(x) \sum_{j=2}^k \alpha_j^n(x) D^j G_n(f,x)\right|. \tag{3.1.9}$$

从 [18, p165] 可得

$$|w(x) G_n(f,x)| \leqslant C \|wf\|. \tag{3.1.10}$$

由 (1.1.1), (3.1.2), (3.1.4), (3.1.5) 以及 (3.1.7) 得到

$$|w(x)D^j G_n(f,x)|$$

$$= \left| w(x) \int_0^\infty \frac{\partial^j}{\partial x^j} g_n(x,t) f\left(\frac{n}{t}\right) dt \right|$$

$$\leqslant \left| w(x) \int_0^\infty \frac{j!}{x^j} g_n(x,t) L_j^{(n+1-j)}(xt) w^{-1}\left(\frac{n}{t}\right) dt \right| \|wf\|$$

$$= \left| w(x) \frac{j!}{n!} \int_0^\infty x^{n+1-j} e^{-tx} t^n L_j^{(n+1-j)}(xt) w^{-1}\left(\frac{n}{t}\right) dt \right| \|wf\|$$

$$\leqslant C \frac{x^{-j}}{n!} \int_0^\infty e^{-u} u^n \left| L_j^{(n+1-j)}(u) \right| \frac{wx}{w\left(\frac{nx}{u}\right)} du \|wf\|$$

$$\leqslant C x^{-j} \left(\frac{1}{n!} \int_0^\infty e^{-u} u^{n+1-j} \left| L_j^{(n+1-j)}(u) \right|^2 du \right)^{\frac{1}{2}}$$

$$\times \left(\frac{1}{n!} \int_0^\infty e^{-u} u^{n-1+j} \left(\left(\frac{u}{n}\right)^a + \left(\frac{u}{n}\right)^{a+b} \right)^2 du \right)^{\frac{1}{2}} \|wf\|$$

$$\leqslant C x^{-j} \left(\frac{1}{n!} \frac{(n+1)!}{j!} \right)^{\frac{1}{2}} \left(\frac{(n+j-1)!}{n!} \right)^{\frac{1}{2}} \|wf\|$$

$$\leqslant C x^{-j} n^{\frac{1}{2}} n^{\frac{j-1}{2}} \|wf\|. \tag{3.1.11}$$

再注意到

$$|\alpha_j^n(x)| \leqslant C n^{-\frac{j}{2}} x^j \tag{3.1.12}$$

和 [18, p161], 于是

$$\|w(x) G_n(f,x)\| \leqslant C \|w(x) f(x)\|. \tag{3.1.13}$$

综合 (3.1.9)–(3.1.13) 知道 (3.1.8) 成立. □

　　由于 Gamma 算子的特殊性, 现在单独给出其特殊的光滑模和 K-泛函的定义[18].

$$\omega_{\varphi^\lambda}^r(f,t)_w = \begin{cases} \sup\limits_{0 < h \leqslant t} \|w\Delta_{h\varphi^\lambda}^r f\|, & a = 0, \\ \sup\limits_{0 < h \leqslant t} \|w\Delta_{\varphi^\lambda}^r f\|_{[t^*,\infty)} + \sup\limits_{0 < h \leqslant t^*} \|w\overrightarrow{\Delta}_h^r f\|_{(0,12t^*]}, & a > 0, \end{cases}$$

这里

$$t^* = \begin{cases} (rt)^{\frac{1}{1-\lambda}}, & 0 < t < \frac{1}{8r}, \ 0 \leqslant \lambda < 1, \\ 0, & \lambda = 1, \end{cases}$$

$$\varphi(x) = x, \quad w(x) = x^a (1+x)^b \quad (a \geqslant 0, b \in R),$$

$$\Omega_{\varphi^\lambda}^r(f,t)_w = \sup_{0 < h \leqslant t} \|w\Delta_{h\varphi^\lambda}^r f\|_{[t^*,\infty)} \quad (0 \leqslant \lambda < 1),$$

$$K_{\varphi^\lambda}^r(f,t^r)_w = \inf_g \big\{\|w(f-g)\| + t^r\|w\varphi^{r\lambda}g^{(r)}\|,\ g^{(r-1)} \in \text{A.C.}_{\cdot\text{loc}}\big\}.$$

众所周知有[18]

$$\omega_{\varphi^\lambda}^r(f,t)_w \sim K_{\varphi^\lambda}^r(f,t^r)_w, \tag{3.1.14}$$

$$C^{-1}\Omega_{\varphi^\lambda}^r(f,t)_w \leqslant \omega_{\varphi^\lambda}^r(f,t)_w \leqslant C\int_0^t \frac{\Omega_{\varphi^\lambda}^r(f,\tau)_w}{\tau}d\tau. \tag{3.1.15}$$

3.2 正 定 理

这一节将利用 $2r$ 阶 Ditzian-Totik 带权光滑模给出 $G_n^{(2r-1)}f$ 的逼近正定理.

定理 3.2.1 设 $n \geqslant 4r$. 那么对于 $wf \in L_\infty[0,\infty)$, 有

$$\big|w(x)\big(G_n^{(2r-1)}(f,x) - f(x)\big)\big| \leqslant C\omega_{\varphi^\lambda}^{2r}\left(f, \frac{\varphi^{1-\lambda}(x)}{\sqrt{n}}\right)_w. \tag{3.2.1}$$

证明 对于任意的 $g \in w_\infty^{2r} =: \big\{g : g^{(2r-1)} \in \text{A.C.}_{\cdot\text{loc}},\ w\varphi^{2r\lambda}g^{(2r)} \in L_\infty\big\}$, 由 Taylor 公式

$$g(t) = \sum_{j=0}^{2r-1} \frac{1}{j!}(t-x)^j g^{(j)}(x) + R_{2r}(g,t,x),$$

其中积分型余项

$$R_{2r}(g,t,x) = \frac{1}{(2r-1)!}\int_x^t (t-u)^{2r-1}g^{(2r)}(u)du.$$

因为对于 Π_{2r-1}, 有 $G_n^{(2r-1)}p = p$ 以及 $\alpha_0^n = 1,\ \alpha_1^n = 0$ 和 (3.1.1), 则有

$$\big|w(x)\big(G_n^{(2r-1)}(g,x) - g(x)\big)\big|$$

$$\leqslant |wG_n(R_{2r}(g,\cdot,x),x)| + C\sum_{j=2}^{2r-1} n^{-\frac{j}{2}}\varphi^j(x)w(x)\big|D^jG_n(R_{2r}(g,\cdot,x),x)\big|$$

$$=:I_1 + I_2. \tag{3.2.2}$$

对于在 x 和 t 之间的 u 以及 $\varphi(x) = x$, 有 (参见 [18, 引理 9.6.1])

$$\frac{|u-x|}{\varphi^\lambda(u)} \leqslant \frac{|x-t|}{\varphi^\lambda(x)}, \quad \frac{1}{\varphi^\lambda(u)} \leqslant \frac{1}{\varphi^\lambda(x)} + \frac{1}{\varphi^\lambda(t)}.$$

所以

$$|R_{2r}(g,t,x)| \leqslant C \frac{|t-x|^{2r-1}}{\varphi^{(2r-1)\lambda}(x)} \left(\frac{1}{x^{\lambda}} + \frac{1}{t^{\lambda}} \right) \|w\varphi^{2r\lambda} g^{(2r)}\| \left| \int_x^t w^{-1}(u) du \right|. \quad (3.2.3)$$

由 (1.1.1), (3.1.2) 和 (3.2.3), 有

$$\left| w(x) D^j G_n(R_{2r}(g,\cdot,x),x) \right|$$

$$= \left| w(x) \int_0^{\infty} \frac{\partial^j}{\partial x^j} g_n(x,t) R_{2r}\left(g,\frac{n}{t},x\right) dt \right|$$

$$= \left| w(x) \frac{j!}{x^j} \int_0^{\infty} \frac{x^{n+1}}{n!} e^{-xt} t^n L_j^{(n+1-j)}(xt) R_{2r}\left(g,\frac{n}{t},x\right) dt \right|$$

$$= \left| w(x) \frac{j!}{x^j} \int_0^{\infty} \frac{1}{n!} e^{-u} u^n L_j^{(n+1-j)}(u) R_{2r}\left(g,\frac{nx}{u},x\right) du \right|$$

$$\leqslant C \|w\varphi^{2r\lambda} g^{(2r)}\| \frac{1}{x^j} \int_0^{\infty} \frac{1}{n!} e^{-u} u^n \left| L_j^{(n+1-j)}(u) \right|$$

$$\cdot \frac{\left| \frac{nx}{u} - x \right|^{2r-1}}{\varphi^{(2r-1)\lambda}(x)} \left(\frac{1}{x^{\lambda}} + \left(\frac{u}{nx} \right)^{\lambda} \right) \left| \int_x^{\frac{nx}{u}} \frac{w(x)}{w(\tau)} d\tau \right| du.$$

利用 (3.1.6) 有

$$\left| \int_x^{\frac{nx}{u}} \frac{w(x)}{w(\tau)} d\tau \right| \leqslant C \left| \int_x^{\frac{nx}{u}} \left(\frac{x}{\tau} \right)^a + \left(\frac{x}{\tau} \right)^{a+b} d\tau \right|$$

$$\leqslant C \left(1 + \left(\frac{u}{n} \right)^a + \left(\frac{u}{n} \right)^{a+b} \right) \left| \frac{nx}{u} - x \right|.$$

这样

$$\left| w(x) D^j G_n(R_{2r}(g,\cdot,x),x) \right|$$

$$\leqslant C \|w\varphi^{2r\lambda} g^{(2r)}\| \frac{1}{x^{j+2r\lambda}} \frac{1}{n!} \int_0^{\infty} e^{-u} u^n \left| L_j^{(n+1-j)}(u) \right| \left(\frac{nx}{u} - x \right)^{2r}$$

$$\times \left(1 + \left(\frac{u}{n} \right)^{\lambda} + \left(\frac{u}{n} \right)^a + \left(\frac{u}{n} \right)^{\lambda+a} + \left(\frac{u}{n} \right)^{a+b} + \left(\frac{u}{n} \right)^{\lambda+a+b} \right) du. \quad (3.2.4)$$

利用 (3.1.4) 和 (3.1.5), 对于任意的 $\beta \in R$, 有

$$\int_0^{\infty} e^{-u} u^n \left| L_j^{(n+1-j)}(u) \right| \left(\frac{nx}{u} - x \right)^{2r} \left(\frac{u}{n} \right)^{\beta} du$$

$$\leqslant \left(\int_0^{\infty} e^{-u} u^{n+1-j} \left| L_j^{(n+1-j)}(u) \right|^2 du \right)^{\frac{1}{2}} \left(\int_0^{\infty} e^{-u} u^{n+j-1} \left(\frac{nx}{u} - x \right)^{4r} \left(\frac{u}{n} \right)^{2\beta} du \right)^{\frac{1}{2}}$$

$$\leqslant \left(\frac{\Gamma(n+2)}{j!}\right)^{\frac{1}{2}} \left(\int_0^\infty e^{-u} u^{n+j-1} \left(\frac{nx}{u} - x\right)^{8r} du\right)^{\frac{1}{4}}$$

$$\cdot \left(C \int_0^\infty e^{-u} u^{n+j-1} \left(\frac{u}{u+j-1}\right)^{4\beta} du\right)^{\frac{1}{4}}$$

$$\leqslant C \left((n+1)!\right)^{\frac{1}{2}} \left((n+j-1)! \frac{x^{8r}}{n^{4r}}\right)^{\frac{1}{4}} \left((n+j-1)!\right)^{\frac{1}{4}} . \tag{3.2.5}$$

从 (3.2.4) 和 (3.2.5) 可得

$$I_2 \leqslant C \sum_{j=2}^{2r-1} n^{-\frac{j}{2}} x^j \frac{1}{x^{j+2r\lambda}} \frac{1}{n!} \left((n+1)!\right)^{\frac{1}{2}} \left((n+j-1)!\right)^{\frac{1}{2}} \frac{x^{2r}}{n^r} \left\|w\varphi^{2r\lambda} g^{(2r)}\right\|$$

$$\leqslant C \frac{x^{2r(1-\lambda)}}{n^r} \left\|w\varphi^{2r\lambda} g^{(2r)}\right\| . \tag{3.2.6}$$

类似于 (3.2.6) 的证明, 可以推出

$$I_1 \leqslant C \frac{x^{2r(1-\lambda)}}{n^r} \left\|w\varphi^{2r\lambda} g^{(2r)}\right\| . \tag{3.2.7}$$

综合 (3.2.2), (3.2.6) 和 (3.2.7) 对于 $g \in w_\infty^{2r}$ 有

$$\left|w(x) \left(G_n^{(2r-1)}(g,x) - g(x)\right)\right| \leqslant C \frac{\varphi^{2r(1-\lambda)}(x)}{n^r} \left\|w\varphi^{2r\lambda} g^{(2r)}\right\| . \tag{3.2.8}$$

由 K-泛函的定义和 (3.1.14) 对于 $wf \in L_\infty$, 选取 $g = g_{n,x,\lambda} \in w_\infty^{2r}$ 使得

$$\|w(f-g)\| + \frac{\varphi^{2r(1-\lambda)}(x)}{n^r} \|w\varphi^{2r\lambda} g^{(2r)}\| \leqslant C \omega_{\varphi^\lambda}^{2r} \left(f, \frac{\varphi^{1-\lambda}(x)}{\sqrt{n}}\right)_w .$$

于是由 (3.2.8), 有

$$\left|w(x) \left(G_n^{(2r-1)}(f,x) - f(x)\right)\right|$$

$$\leqslant C \left(\|w(f-g)\| + \left|w \left(G_n^{(2r-1)}(g,x) - g(x)\right)\right|\right)$$

$$\leqslant C \left(\|w(f-g)\| + \frac{\varphi^{2r(1-\lambda)}(x)}{n^r} \|w\varphi^{2r\lambda} g^{(2r)}\|\right)$$

$$\leqslant C \omega_{\varphi^\lambda}^{2r} \left(f, \frac{\varphi^{1-\lambda}(x)}{\sqrt{n}}\right)_w .$$

这样就证明了 (3.2.1). □

证明 (3.2.1) 时, 使用了 Laguerre 多项式. 其实, 还可以用另一种方法, 即用公式 (参见 [18, (9.4.11)])

$$(G_n(f,x))^{(r)} = \sum_{i=0}^r Q_i(n,x) G_n \left((t-x)^i f(t), x\right) ,$$

这里 $Q_i(n,x) = \sum\limits_{2j+l-i=r} C(i,l)\dfrac{n^j}{x^{2j+l}}$, 故有 $x^r\|Q_i(n,x)\| \leqslant C\dfrac{n^{\frac{r+i}{n}}}{x^i}$. 这样在证明

(3.2.1) 时就可不必使用 Laguerre 多项式. 在 3.3 节中情形类似.

3.3　逆　定　理

为了证明逆定理需要定义新的 K-泛函, 首先介绍一些记号.

对于 $0 \leqslant \lambda \leqslant 1$, $0 < \alpha < 2r$, 定义

$$\|f\|_0 = \sup_{x\in(0,\infty)} \left| w(x)\varphi^{\alpha(\lambda-1)}(x)f(x) \right|,$$

$$C^0_{\lambda,w} = \left\{ f \big| wf \in L_\infty, \|f\|_0 < \infty \right\},$$

$$\|f\|_{2r} = \sup_{x\in(0,\infty)} \left| w(x)\varphi^{2r+\alpha(\lambda-1)}(x)f^{(2r)}(x) \right|,$$

$$C^{2r}_{\lambda,\omega} = \left\{ f \in C^0_{\lambda,\omega} : f^{(2r-1)} \in \mathrm{A.C.}_{\cdot\mathrm{loc}}, \|f\|_{2r} < \infty \right\}.$$

现在给出 K-泛函

$$K^\alpha_\lambda(f,t^{2r})_w = \inf_{g\in C^{2r}_{\lambda,\omega}} \{\|f-g\|_0 + t^{2r}\|g\|_{2r}\}.$$

下面的引理将证明两个不等式, 它们在以后的证明中要用到.

引理 3.3.1　对于 $n \geqslant 4r$, 有

$$\|G_n^{(2r-1)}f\|_{2r} \leqslant Cn^r\|f\|_0, \quad f \in C^0_{\lambda,\omega}, \tag{3.3.1}$$

$$\|G_n^{(2r-1)}f\|_{2r} \leqslant C\|f\|_{2r}, \quad f \in C^{2r}_{\lambda,\omega}. \tag{3.3.2}$$

证明　首先证明 (3.3.1). 由 [69, (32)], 有

$$\left| w(x)\varphi^{2r+\alpha(\lambda-1)}(x)\left(G_n^{(2r-1)}(f,x)\right)^{(2r)} \right|$$

$$= \left| w(x)\varphi^{2r+\alpha(\lambda-1)}(x)\left((G_nf)^{(2r)}(x) + \left(\sum_{j=2}^{2r-1}\frac{1}{n^j}L_j^{(n-j)}(n)\varphi^j(x)D^jG_n(f,x)\right)^{(2r)}\right) \right|$$

$$\leqslant \left| w(x)\varphi^{2r+\alpha(\lambda-1)}(x)(G_nf)^{(2r)}(x) \right|$$

$$+ Cw(x)\varphi^{2r+\alpha(\lambda-1)}(x)\sum_{j=2}^{2r-1}n^{-\frac{j}{2}}\sum_{k=0}^{j}\left|\varphi^{j-k}(x)(G_nf)^{(2r+j-k)}(x)\right|$$

$$=: J_1 + J_2.$$

由 (1.1.1) 和 (3.1.2) 有

$$(G_n f)^{(2r+j-k)}(x)$$
$$= \int_0^\infty \frac{\partial^{2r+j-k}}{\partial x^{2r+j-k}} g_n(x,t) f\left(\frac{n}{t}\right) dt$$
$$= \frac{(2r+j-k)!}{x^{2r+j-k}} \frac{1}{n!} \int_0^\infty x^{n+1} e^{-tx} t^n L_{2r+j-k}^{(n+1-2r-j+k)}(xt) f\left(\frac{n}{t}\right) dt.$$

于是

$$J_2 \leqslant C \sum_{j=2}^{2r-1} n^{-\frac{j}{2}} w(x) \varphi^{\alpha(\lambda-1)}(x)$$

$$\times \sum_{k=0}^{j} \frac{1}{n!} \int_0^\infty e^{-u} u^n \left| L_{2r+j-k}^{(n+1-2r-j+k)}(u) \right| w^{-1}\left(\frac{nx}{u}\right) \varphi^{\alpha(1-\lambda)}\left(\frac{nx}{u}\right) du \|f\|_0$$

$$\leqslant C \sum_{j=2}^{2r-1} n^{-\frac{j}{2}} \|f\|_0 \sum_{k=0}^{j} \frac{1}{n!} ((n+1)!)^{\frac{1}{2}}$$

$$\times \left(\int_0^\infty e^{-u} u^{n-1+2r+j-k} \frac{w^2(x) \varphi^{2\alpha(\lambda-1)}(x)}{w^2\left(\frac{nx}{u}\right) \varphi^{2\alpha(\lambda-1)}\left(\frac{nx}{u}\right)} du \right)^{\frac{1}{2}}$$

$$\leqslant C \sum_{j=2}^{2r-1} n^{-\frac{j}{2}} \|f\|_0 \sum_{k=0}^{j} \frac{1}{n!} ((n+1)!)^{\frac{1}{2}} ((n-1+2r+j-k)!)^{\frac{1}{2}}$$

$$\leqslant C n^r \|f\|_0.$$

类似地, 还有

$$J_1 \leqslant C n^r \|f\|_0.$$

这样, (3.3.1) 被证明了.

然后来证明 (3.3.2). 由 (3.1.2) 和 (3.1.3), 有

$$(G_n f)^{(2r+j-k)}$$
$$= \frac{n^{2r}(n-2r)!}{n!} \int_0^\infty \frac{(j-k)!}{x^{j-k}} g_{n-2r}(x,u) L_{j-k}^{(n-2r+1-j+k)}(xu) f^{(2r)}\left(\frac{n}{u}\right) du$$
$$= \frac{n^{2r}(n-2r)!}{n!} \frac{(j-k)!}{x^{j-k}} \frac{1}{(n-2r)!} \int_0^\infty e^{-t} t^{n-2r} L_{j-k}^{(n-2r+1-j+k)}(t) f^{(2r)}\left(\frac{nx}{t}\right) dt.$$

类似于上面的过程, 可得

$$J_2 \leqslant C \|f\|_{2r}, \quad J_1 \leqslant C \|f\|_{2r},$$

(3.3.2) 证毕. $\qquad\qquad\qquad\qquad\qquad\qquad\qquad\qquad\qquad\qquad \square$

定理 3.3.2　对于 $wf \in L_\infty$, $0 \leqslant \lambda \leqslant 1$, $0 < \alpha < 2r$, $n \geqslant 4r$, 如果

$$\left| w\left(G_n^{(2r-1)}(f,x) - f(x)\right) \right| \leqslant O\left(\left(\frac{\varphi^{1-\lambda}(x)}{\sqrt{n}}\right)^\alpha\right), \tag{3.3.3}$$

那么有

$$\omega_{\varphi^\lambda}^{2r}(f,t)_w = O\left(t^\alpha\right).$$

证明　由 $K_\lambda^\alpha(f,t^{2r})_w$ 的定义, 对于固定的 x 和 λ 可以挑选 $g \in C_{\lambda,w}^{2r}$,

$$\|f-g\|_0 + n^{-r}\|g\|_{2r} \leqslant 2K_\lambda^\alpha(f,n^{-r})_w. \tag{3.3.4}$$

由 (3.3.3),

$$\left| w(x)\varphi^{\alpha(\lambda-1)}(x)(G_n^{(2r-1)}(f,x) - f(x)) \right| \leqslant Cn^{-\frac{\alpha}{2}}.$$

利用引理 3.3.1 可得

$$\begin{aligned}
&K_\lambda^\alpha(f,t^{2r})_w \\
&\leqslant \|f - G_n^{(2r-1)}f\|_0 + t^{2r}\|G_n^{(2r-1)}f\|_{2r} \\
&\leqslant Cn^{-\frac{\alpha}{2}} + t^{2r}\left(\|G_n^{(2r-1)}(f-g)\|_{2r} + \|G_n^{(2r-1)}g\|_{2r}\right) \\
&\leqslant C\left(n^{-\frac{\alpha}{2}} + t^{2r}(n^r\|f-g\|_0 + \|g\|_{2r})\right) \\
&\leqslant C\left(n^{-\frac{\alpha}{2}} + t^{2r}n^r K_\lambda^\alpha(f,n^{-r})_w\right).
\end{aligned}$$

由 Berens-Lorentz 引理,

$$K_\lambda^\alpha(f,t^{2r})_w = O(t^\alpha).$$

当 $\lambda = 1$ 时, $K_1^\alpha(f,t^{2r})_w = K_\varphi^{2r}(f,t^{2r})_w = O(t^\alpha)$. 故

$$\omega_\varphi^{2r}(f,t)_w = O(t^\alpha).$$

当 $0 \leqslant \lambda < 1$, $x \geqslant t^* = (2rt)^{\frac{1}{1-\lambda}}$, $x - rh\varphi^\lambda(x) \geqslant 0$, 则 (参见 [18, p21, p27])

$$\frac{x}{2} \leqslant x + (j-r)h\varphi^\lambda(x) \leqslant 2x, \quad j = 0,1,\cdots,2r, \quad h \leqslant \frac{1}{r}.$$

所以对于 $u \in [-rh\varphi^\lambda(x), rh\varphi^\lambda(x)]$, 有

$$\varphi(x+u) \sim \varphi(x), \quad w(x+u) \sim w(x).$$

这样

$$\begin{aligned}
&w(x)\int_{-\frac{h\varphi^\lambda(x)}{2}}^{\frac{h\varphi^\lambda(x)}{2}} \cdots \int_{-\frac{h\varphi^\lambda(x)}{2}}^{\frac{h\varphi^\lambda(x)}{2}} \varphi^{-2r+\alpha(1-\lambda)}\left(x+\sum_{i=1}^{2r}u_i\right) w^{-1}\left(x+\sum_{i=1}^{2r}u_i\right) du_1\cdots du_{2r} \\
&\leqslant Ch^{2r}\frac{\varphi^{\alpha(1-\lambda)}(x)}{\varphi^{2r(1-\lambda)}(x)}.
\end{aligned}$$

对于 (3.3.4) 中的 g 和 $x \geqslant t^*$, 有

$$w(x)\left|\Delta^{2r}_{h\varphi^\lambda(x)}f(x)\right|$$

$$\leqslant w(x)\left|\Delta^{2r}_{h\varphi^\lambda(x)}(f-g)(x)\right| + w(x)\left|\Delta^{2r}_{h\varphi^\lambda(x)}g(x)\right|$$

$$= w(x)\left|\sum_{k=0}^{2r}(-1)^k\binom{2r}{k}(f-g)(x+(r-k)h\varphi^\lambda(x))\right|$$

$$+ w(x)\left|\int_{-\frac{h\varphi^\lambda(x)}{2}}^{\frac{h\varphi^\lambda(x)}{2}}\cdots\int_{-\frac{h\varphi^\lambda(x)}{2}}^{\frac{h\varphi^\lambda(x)}{2}}g^{(2r)}\left(x+\sum_{i=1}^{2r}u_i\right)du_1\cdots du_{2r}\right|$$

$$\leqslant C\varphi^{\alpha(1-\lambda)}(x)\left(\|f-g\|_0 + \frac{h^{2r}}{\varphi^{2r(1-\lambda)}(x)}\|g\|_{2r}\right)$$

$$\leqslant C\varphi^{\alpha(1-\lambda)}(x)K_\lambda^\alpha\left(f, \frac{h^{2r}}{\varphi^{2r(1-\lambda)}(x)}\right)_w$$

$$\leqslant Ch^\alpha.$$

于是, 根据 $\omega^{2r}_{\varphi^\lambda}(f,t)_w$ 的定义, 有

$$\omega^{2r}_{\varphi^\lambda}(f,t)_w = O(t^\alpha). \tag{3.3.5}$$

由 (3.1.15) 和 (3.3.5) 可得

$$\omega^{2r}_{\varphi^\lambda}(f,t)_w = O(t^\alpha).$$

这样就完成了定理 3.3.2 的证明. $\qquad\qquad\qquad\qquad\qquad\qquad\quad\square$

于是, 由定理 3.2.1和定理 3.3.2, 定理 B 成立.

第 4 章 Baskakov 拟内插式算子的点态逼近

本章利用 $\omega_{\varphi^\lambda}^{2r}(f,t)$ 推广了 [64, p149, 定理 4.4] 中的结果, 得到了 Baskakov 拟内插式算子 $V_n(k,f,x)$ 的点态逼近等价定理.

4.1 正 定 理

在后面的证明中将用到下面的结果[64].

引理 4.1.1 (参见 [64, p136, (2.2)–(2.8)]) (1) 对于 $j \geqslant 2$ 以及 $x \in E_n^c = [0, 1/n]$, 有如下不等式成立:

$$|\alpha_j^n(x)| \leqslant Cn^{-j},$$
$$|D^r \alpha_j^n(x)| \leqslant Cn^{-j+r}.$$

(2) 对于 $j \geqslant 2$ 以及 $x \in E_n = [1/n, \infty]$, 有如下不等式成立:

$$|\alpha_j^n(x)| \leqslant Cn^{-j/2}\varphi^j(x),$$
$$|D^r \alpha_j^n(x)| \leqslant Cn^{-j/2+r/2}\varphi^{j-r}(x). \tag{4.1.1}$$

定理 4.1.2 如果 $\varphi(x) = \sqrt{x(1+x)}$, $\delta_n(x) = \max\left\{\varphi(x), \dfrac{1}{\sqrt{n}}\right\}$, $0 \leqslant \lambda \leqslant 1$, $n \geqslant 2r-1$, 则对于 $f \in C_B[0,\infty)$, 有

$$|V_n(2r-1, f, x) - f(x)| \leqslant C\omega_{\varphi^\lambda}^{2r}\left(f, \frac{\delta_n^{1-\lambda}(x)}{\sqrt{n}}\right). \tag{4.1.2}$$

很容易看出, 如果 $\lambda = 1$, 则 (4.1.2) 就是 [64] 中的定理 3.1.

证明 由 $K_{\varphi^\lambda}^{2r}(f, t^{2r})$ 的定义, 对于固定的 n, x, λ 能够挑选 $g(t) = g_{\lambda,n,x}(t)$ 使得

$$\|f-g\| + \left(\frac{\delta_n^{1-\lambda}(x)}{\sqrt{n}}\right)^{2r}\|\varphi^{2r\lambda}g^{(2r)}\| + \left(\frac{\delta_n^{1-\lambda}(x)}{\sqrt{n}}\right)^{2r/(1-\lambda/2)}\|g^{(2r)}\|$$
$$\leqslant K_{\varphi^\lambda}^{2r}\left(f, \left(\frac{\delta_n^{1-\lambda}(x)}{\sqrt{n}}\right)^{2r}\right). \tag{4.1.3}$$

由文献 [64, p137, 引理 2.3], $\|V_n(k,f,x)\| \leqslant M$, 这里 $M > 0$ 只依赖于 $k \in N$.

因为对于 $p \in \prod_k$, $V_n(k,p,x) = p(x)$ (参见 [64, p133, 第 21 行]), 有

$$|V_n(2r-1,f,x) - f(x)|$$
$$\leqslant C(\|f-g\| + |V_n(2r-1,g,x) - g(x)|)$$
$$= C(\|f-g\| + |V_n(2r-1,R_{2r}(g,\cdot,x),x)|)$$
$$=: C(\|f-g\| + I), \tag{4.1.4}$$

这里, $R_{2r}(g,t,x) = 1/((2r-1)!) \int_x^t (t-u)^{2r-1} g^{(2r)}(u) du$.

只需要估计 I. 因为 $\alpha_0^n(x) = 1$, $\alpha_1^n(x) = 0$ (参见 [64, p135, 第 14 行]), 所以

$$I \leqslant |V_n(R_{2r}(g,\cdot,x),x)| + \left| \sum_{j=2}^{2r-1} \alpha_j^n(x) D^j V_n(R_{2r}(g,\cdot,x),x) \right|$$

$$=: I_0 + \left| \sum_{j=2}^{2r-1} \alpha_j^n(x) I_j \right|. \tag{4.1.5}$$

为了证明 (4.1.2) 先来证明

$$I_0 \leqslant C\omega_{\varphi^\lambda}^{2r} \left(f, \frac{\delta_n^{1-\lambda}(x)}{\sqrt{n}} \right) \tag{4.1.6}$$

以及对于 $j = 2,3,\cdots,2r-1$,

$$|\alpha_j^n(x) I_j| \leqslant C\omega_{\varphi^\lambda}^{2r} \left(f, \frac{\delta_n^{1-\lambda}(x)}{\sqrt{n}} \right). \tag{4.1.7}$$

为了估计 I_0 和 I_j, 分两种情形.

情形 1 $x \in E_n^c$. 对于 $x \in E_n^c$, 有 $\delta_n(x) \sim \dfrac{1}{\sqrt{n}}$, 容易证明 (参见 [64, p140, (3.9)])

$$|R_{2r}(g,t,x)| \leqslant \frac{1}{(2r-1)!} \left\| \delta_n^{2r\lambda} g^{(2r)} \right\| (t-x)^{2r} n^{r\lambda} \tag{4.1.8}$$

以及 (参见 [18, (9. 5. 10)], [64, p137, (2.10)])

$$\left| V_n \left((t-x)^{2r}, x \right) \right| \leqslant C n^{-2r}.$$

故有

$$
\begin{aligned}
I_0 &\leqslant Cn^{-2r}n^{r\lambda}\left\|\delta_n^{2r\lambda}g^{(2r)}\right\| \\
&\leqslant C\left[\left(\frac{\delta_n^{1-\lambda}(x)}{\sqrt{n}}\right)^{2r}\left\|\varphi_n^{2r\lambda}g^{(2r)}\right\| + \left(\frac{\delta_n^{1-\lambda}(x)}{\sqrt{n}}\right)^{2r/(1-\lambda/2)}\left\|g^{(2r)}\right\|\right] \\
&\leqslant C\omega_{\varphi^\lambda}^{2r}\left(f,\frac{\delta_n^{1-\lambda}(x)}{\sqrt{n}}\right).
\end{aligned}
\tag{4.1.9}
$$

对于 $x \in E_n^c$, 利用公式 (参见 [18, (9.4.3)])

$$
V_{n,j}(f,x) = \frac{(n+j-1)!}{(n-1)!}\sum_{k=0}^{\infty}\overrightarrow{\Delta}_{1/n}^{j}f\left(\frac{k}{n}\right)p_{n+j,k}(x),
$$

有

$$
\begin{aligned}
I_j &= \left|D^j V_n(R_{2r}(g,\cdot,x),x)\right| \\
&= \left|\frac{(n+j-1)!}{(n-1)!}\sum_{k=0}^{\infty}p_{n+j,k}(x)\overrightarrow{\Delta}_{1/n}^{j}\left(\frac{1}{(2r-1)!}\int_x^{k/n}\left(\frac{k}{n}-u\right)^{2r-1}g^{(2r)}(u)du\right)\right| \\
&\leqslant \frac{(n+j-1)!}{(n-1)!}\sum_{k=0}^{\infty}p_{n+j,k}(x)\sum_{i=0}^{j}\binom{j}{i}\left|\int_x^{(k+i)/n}\left(\frac{k+i}{n}-u\right)^{2r-1}g^{(2r)}(u)du\right| \\
&\leqslant Cn^j\sum_{k=0}^{\infty}p_{n+j,k}(x)\sum_{i=0}^{j}\left\|\delta_n^{2r\lambda}g^{(2r)}\right\|\frac{((k+i)/n-x)^{2r}}{n^{-r\lambda}} \\
&\leqslant Cn^j n^{r\lambda}\left\|\delta_n^{2r\lambda}g^{(2r)}\right\|\sum_{i=0}^{j}\sum_{k=0}^{\infty}p_{n+j,k}(x)\left[\left(\frac{k}{n+j}-x\right)^{2r}+\left(\frac{k+i}{n}-\frac{k}{n+j}\right)^{2r}\right] \\
&\leqslant Cn^j n^{r\lambda}\left\|\delta_n^{2r\lambda}g^{(2r)}\right\|\sum_{k=0}^{\infty}p_{n+j,k}(x)\left[\left(\frac{k}{n+j}-x\right)^{2r}+\left(\frac{k}{n+j}\right)^{2r}+n^{-2r}\right] \\
&\leqslant Cn^j n^{r\lambda}\left\|\delta_n^{2r\lambda}g^{(2r)}\right\|(n^{-2r}+x^{2r}) \\
&\leqslant Cn^j n^{r\lambda}n^{-2r}\left\|\delta_n^{2r\lambda}g^{(2r)}\right\| \\
&\leqslant Cn^j\omega_{\varphi^\lambda}^{2r}\left(f,\frac{\delta_n^{1-\lambda}(x)}{\sqrt{n}}\right).
\end{aligned}
\tag{4.1.10}
$$

在这个证明中, 用到了

$$\sum_{k=0}^{\infty} p_{n,k}(x)\left(\frac{k}{n}\right)^{2r} = \left(\sum_{k=0}^{2r} + \sum_{k=2r+1}^{\infty}\right) p_{n,k}(x)\left(\frac{k}{n}\right)^{2r}$$

$$\leqslant Cn^{-2r} + Cx^{2r}\sum_{k=2r+1}^{\infty} p_{n+2r,k-2r}(x)$$

$$\leqslant Cn^{-2r}.$$

由 (4.1.9) 和 (4.1.10) 再结合 $|\alpha_j^n(x)| \leqslant Cn^{-j}$, 对于 $x \in E_n^c$ 就证明了 (4.1.6) 和 (4.1.7).

情形 2 $x \in E_n$. 对于 $x \in E_n$, $\delta_n(x) \sim \varphi(x)$, 对于 x 与 t 之间的 u 由下面的公式 (参见 [18, p141])

$$|u-t|^{2r-1}u^{-r\lambda}(1+u)^{-r\lambda} \leqslant |t-x|^{2r-1}x^{-r\lambda}(1+x)^{-(r-1)\lambda}\left(\frac{1}{(1+x)^{\lambda}} + \frac{1}{(1+t)^{\lambda}}\right),$$

可得

$$|R_{2r}(g,t,x)|$$

$$\leqslant |t-x|^{2r}x^{-r\lambda}(1+x)^{-(r-1)\lambda}\left(\frac{1}{(1+x)^{\lambda}} + \frac{1}{(1+t)^{\lambda}}\right)\|\varphi^{2r\lambda}g^{(2r)}\|. \qquad (4.1.11)$$

由 [18, (9.4.14)], 对于 $x \in E_n$ 有

$$V_n\left((t-x)^{2r}, x\right) \leqslant Cn^{-r}\varphi^{2r}(x).$$

利用 (4.1.11), 有

$$I_0 = |V_n(R_{2r}(g, \cdot, x), x)|$$

$$\leqslant C\varphi^{-2r\lambda}(x)\|\varphi^{2r\lambda}g^{(2r)}\|V_n\left((t-x)^{2r}, x\right)$$

$$+ \varphi^{-(2r-2)\lambda}(x)x^{-\lambda}\|\varphi^{2r\lambda}g^{(2r)}\|V_n\left(\frac{(t-x)^{2r}}{(1+t)^{\lambda}}, x\right). \qquad (4.1.12)$$

由 $V_n(1/(1+t)^m, x) \leqslant C(m) \cdot 1/(1+x)^m$ (参见 [18, (9.6.3)]) 可得

$$V_n\left(\frac{(t-x)^{2r}}{(1+t)^{\lambda}}, x\right)$$

$$\leqslant \left(V_n\left((t-x)^{4r}, x\right)\right)^{1/2}\left(V_n\left(\frac{1}{(1+t)^2}, x\right)\right)^{\lambda/2}$$

$$\leqslant Cn^{-r}\varphi^{2r}(x)\frac{1}{(1+x)^{\lambda}}. \qquad (4.1.13)$$

由 (4.1.12) 和 (4.1.13), 对于 $x \in E_n$ 得到

$$I_0 \leqslant C \left(\frac{\varphi^{1-\lambda}(x)}{\sqrt{n}} \right)^{2r} \left\| \varphi^{2r\lambda} g^{(2r)} \right\| \leqslant C \omega_{\varphi^\lambda}^{2r} \left(f, \frac{\delta_n^{1-\lambda}(x)}{\sqrt{n}} \right). \tag{4.1.14}$$

对于 $x \in E_n$, 利用公式 [18, p127, (9.4.7)] 或者 [64, p138, (2.14)])

$$|D^j p_{n,k}(x)| \leqslant C \left\{ \sum_{l=0}^{j} \left(\frac{\sqrt{n}}{\varphi(x)} \right)^{j+l} \left| \frac{k}{n} - x \right|^l \right\} p_{n,k}(x), \tag{4.1.15}$$

于是, 有

$$
\begin{aligned}
|I_j| &= \left| D^j \sum_{k=0}^{\infty} p_{n,k}(x) \frac{1}{(2r-1)!} \int_x^{k/n} \left(\frac{k}{n} - u \right)^{2r-1} g^{(2r)}(u) du \right| \\
&\leqslant C \sum_{k=0}^{\infty} \sum_{i=0}^{j} \left(\frac{\sqrt{n}}{\varphi(x)} \right)^{j+i} \left| \frac{k}{n} - x \right|^i p_{n,k}(x) \left\| \varphi^{2r\lambda} g^{(2r)} \right\| \\
&\quad \times \frac{(k/n - x)^{2r}}{\varphi^{(2r-2)\lambda}(x)} \frac{1}{x^\lambda} \left(\frac{1}{(1+x)^\lambda} + \left(\frac{1}{(1+k/n)^\lambda} \right) \right) \\
&\leqslant C \sum_{i=0}^{j} \left(\frac{\sqrt{n}}{\varphi(x)} \right)^{j+i} \left\| \varphi^{2r\lambda} g^{(2r)} \right\| \sum_{k=0}^{\infty} p_{n,k}(x) \left| \frac{k}{n} - x \right|^{2r+i} \\
&\quad \times \left(\frac{1}{\varphi^{2r\lambda}(x)} + \frac{1}{\varphi^{(2r-2)\lambda}(x) x^\lambda (1 + k/n)^\lambda} \right).
\end{aligned}
$$

由于

$$\sum_{k=0}^{\infty} p_{n,k}(x) \left| \frac{k}{n} - x \right|^{2r+i} \leqslant C n^{-r-i/2} \varphi^{2r+i}(x),$$

以及

$$
\begin{aligned}
&\sum_{k=0}^{\infty} p_{n,k}(x) \left| \frac{k}{n} - x \right|^{2r+i} \frac{1}{(1 + k/n)^\lambda} \\
&\leqslant \left(\sum_{k=0}^{\infty} p_{n,k}(x) \left| \frac{k}{n} - x \right|^{4r+2i} \right)^{1/2} \left(\sum_{k=0}^{\infty} p_{n,k}(x) \frac{1}{(1 + k/n)^2} \right)^{\lambda/2} \\
&\leqslant C n^{-r-i/2} \varphi^{2r+i}(x) \left(\frac{1}{1+x} \right)^\lambda,
\end{aligned}
$$

所以

$$|I_j| \leqslant C \left(\frac{\sqrt{n}}{\varphi(x)} \right)^j \left\| \varphi^{2r\lambda} g^{(2r)} \right\| \left(\frac{\varphi^{1-\lambda}(x)}{\sqrt{n}} \right)^{2r}.$$

利用 $|\alpha_j^n(x)| \leqslant C n^{-j/2} \varphi^j(x)$, 可得

$$|\alpha_j^n(x) I_j| \leqslant C \left(\frac{\varphi^{1-\lambda}(x)}{\sqrt{n}} \right)^{2r} \left\| \varphi^{2r\lambda} g^{(2r)} \right\|. \tag{4.1.16}$$

综合 (4.1.9), (4.1.10), (4.1.14) 和 (4.1.16), 知道 (4.1.6) 和 (4.1.7) 成立, 于是由 (4.1.3) — (4.1.5) 得到 (4.1.2). □

4.2 逆 定 理

为了证明逆定理, 需要下面的引理.

引理 4.2.1　对于 $n \geqslant 2r-1$, $r \in N$, $r \geqslant 2$, $0 \leqslant \lambda \leqslant 1$, 有

$$|\varphi^{2r\lambda}(x)D^{2r}V_n(2r-1,f,x)| \leqslant Cn^r\delta_n^{2r(\lambda-1)}(x)\|f\| \ (f \in C_B[0,\infty)), \qquad (4.2.1)$$

$$|\varphi^{2r\lambda}(x)D^{2r}V_n(2r-1,f,x)| \leqslant C \left\|\varphi^{2r\lambda}g^{(2r)}\right\| \ (f \in W_\infty^{2r}(\varphi,[0,\infty))). \qquad (4.2.2)$$

证明　首先证明 (4.2.1).

由 [64, (4.1)], 即对于 $x \in E_n$, $\|\varphi^{2r}D^{2r}V_n(2r-1,f,x)\| \leqslant Cn^r\|f\|$, 于是有

$$|\varphi^{2r\lambda}(x)D^{2r}V_n(2r-1,f,x)|$$
$$\leqslant \varphi^{2r(\lambda-1)}(x)\|\varphi^{2r}(x)D^{2r}V_n(2r-1,f,x)\|$$
$$\leqslant Cn^r\varphi^{2r(\lambda-1)}(x)\|f\| \leqslant Cn^r\delta_n^{2r(\lambda-1)}(x)\|f\|.$$

对于 $x \in E_n^c$, 由 [64, (4.1)] 的证明过程, 有 $|D^{2r}V_n(2r-1,f,x)| \leqslant Cn^{2r}\|f\|$, 注意到 $\|\varphi^{2r\lambda}\|_{E_n^c} \sim n^{-r\lambda}$, 于是有

$$|\varphi^{2r\lambda}(x)D^{2r}V_n(2r-1,f,x)| \leqslant Cn^{2r}n^{-r\lambda}(x)\|f\| \leqslant Cn^r\delta_n^{2r(\lambda-1)}(x)\|f\|.$$

这样就证明了 (4.2.1).

然后证明 (4.2.2). 因为 $\alpha_0^n = 1$, $\alpha_1^n = 0$, 以及 $\alpha_n^j \in \Pi_j(j \geqslant 2)$, 对 $x \in [0,\infty)$, 有

$$|\varphi^{2r\lambda}(x)D^{2r}V_n(2r-1,f,x)|$$
$$= \varphi^{2r\lambda}(x)D^{2r}\left(\sum_{j=0}^{2r-1}\alpha_j^n(x)V_{n,j}(f,x)\right)$$
$$= \varphi^{2r\lambda}(x)V_{n,2r}(f,x)$$
$$\quad + \sum_{j=2}^{2r-1}\varphi^{2r\lambda}(x)\sum_{i=0}^{j}\binom{2r}{i}D^i\alpha_j^n(x)V_{n,2r+j-i}(f,x)$$
$$= : \varphi^{2r\lambda}(x)V_{n,2r}(f,x) + S. \qquad (4.2.3)$$

上面的式子只需估计 S 即可, 另一项 $\varphi^{2r\lambda}(x)V_{n,2r}(f,x)$ 的计算方法类似.

为了估计 S, 对于 $x \in E_n^c$ (情形 1), 首先给出下面的式子 (参见 [18, (9.4.3)])

$$|V_{n,2r+j-i}(f,x)|$$

$$= |D^{2r+j-i}V_n(f,x)|$$

$$= \left| \frac{(n+2r+j-i-1)!}{(n-1)!} \sum_{k=0}^{\infty} \overrightarrow{\Delta}_{1/n}^{2r+j-i} f\left(\frac{k}{n}\right) p_{n+2r+j-i,k}(x) \right|$$

$$\leqslant Cn^{2r+j-i} \sum_{k=0}^{\infty} p_{n+2r+j-i,k}(x) \sum_{l=0}^{j-i} \binom{j-i}{l} \left| \overrightarrow{\Delta}_{1/n}^{2r} f\left(\frac{k+l}{n}\right) \right|$$

$$\leqslant Cn^{2r+j-i} \left(\sum_{k=0}^{\infty} p_{n+2r+j-i,k}(x) \left| \overrightarrow{\Delta}_{1/n}^{2r} f\left(\frac{k}{n}\right) \right| \right.$$

$$\left. + \sum_{k=0}^{\infty} p_{n+2r+j-i,k}(x) \sum_{l=1}^{j-i} \left| \overrightarrow{\Delta}_{1/n}^{2r} f\left(\frac{k+l}{n}\right) \right| \right)$$

$$=: Cn^{2r+j-i}(I_1 + I_2). \tag{4.2.4}$$

明显地有 (参见 [18, p155])

$$\left| \left(\overrightarrow{\Delta}_{1/n}^{2r} f\right)\left(\frac{k}{n}\right) \right| \leqslant \begin{cases} Cn^{-2r+1} \displaystyle\int_0^{2r/n} \left| f^{(2r)}\left(\frac{k}{n}+u\right) \right| du, & k \geqslant 1, \\ Cn^{-r+1} \displaystyle\int_0^{2r/n} u^r \left| f^{(2r)}(u) \right| du, & k = 0 \end{cases}$$

$$\leqslant \begin{cases} Cn^{-2r} \left\| \varphi^{2r\lambda} f^{(2r)} \right\| \left(\dfrac{k}{n}\right)^{-r\lambda}, & k \geqslant 1, \\ Cn^{-r} \left\| \varphi^{2r\lambda} f^{(2r)} \right\| n^{-r(1-\lambda)}, & k = 0, \end{cases} \tag{4.2.5}$$

所以

$$I_1 \leqslant C \left(n^{-r} n^{-r(1-\lambda)} \left\| \varphi^{2r\lambda} f^{(2r)} \right\| + n^{-2r} \left\| \varphi^{2r\lambda} f^{(2r)} \right\| \sum_{k=1}^{\infty} p_{n+2r+j-i,k}(x) \left(\frac{k}{n}\right)^{-r\lambda} \right),$$

经由简单的运算, 当 $\lambda \neq 0$ 时容易得到

$$\sum_{k=1}^{\infty} p_{n+2r+j-i,k}(x) \left(\frac{n}{k}\right)^{r\lambda}$$

$$\leqslant \left(\sum_{k=1}^{\infty} p_{n+2r+j-i,k}(x) \left(\frac{n}{k}\right)^{r} \right)^{\lambda}$$

$$\leqslant Cx^{-r\lambda} \leqslant Cx^{-r\lambda}(1+x)^{-r\lambda}, \tag{4.2.6}$$

这里 $x \in E_n^c$. 对于 $\lambda = 0$, (4.2.6) 也成立. 于是

$$
\begin{aligned}
I_1 &\leqslant C \left\| \varphi^{2r\lambda} f^{(2r)} \right\| n^{-2r} \left(n^{r\lambda} + x^{-r\lambda} (1+x)^{-r\lambda} \right) \\
&\leqslant C n^{-2r} \delta_n^{-2r\lambda}(x) \left\| \varphi^{2r\lambda} f^{(2r)} \right\| \leqslant C n^{-2r} \varphi^{-2r\lambda}(x) \left\| \varphi^{2r\lambda} f^{(2r)} \right\|.
\end{aligned}
\tag{4.2.7}
$$

由上面的推导过程, 对于 $k \neq 0$, 相似地可以推导出

$$
I_2 \leqslant C n^{-2r} \varphi^{-2r\lambda}(x) \left\| \varphi^{2r\lambda} f^{(2r)} \right\|.
\tag{4.2.8}
$$

注意到 $|D^i \alpha_j^n(x)| \leqslant C n^{-j+i}$, 所以对于 $x \in E_n^c$, 综合 (4.2.3), (4.2.4), (4.2.7) 和 (4.2.8), 得到

$$
\begin{aligned}
|S| &\leqslant C \varphi^{2r\lambda}(x) n^{-j+i} n^{2r+j-i} n^{-2r} \varphi^{-2r\lambda}(x) \left\| \varphi^{2r\lambda} f^{(2r)} \right\| \\
&\leqslant C \left\| \varphi^{2r\lambda} f^{(2r)} \right\|.
\end{aligned}
\tag{4.2.9}
$$

下面考虑情形 2, $x \in E_n$. 如果 $0 < \lambda < 1$, 估计 (4.2.3) 中的 S. 结合 (4.1.15) 有

$$
\begin{aligned}
&\varphi^{2r\lambda}(x) |V_{n,2r+j-i}(f,x)| \\
={}& \varphi^{2r\lambda}(x) |D^{j-i} V_{n,2r}(f,x)| \\
={}& \varphi^{2r\lambda}(x) \left| D^{j-i} \frac{(n+2r-1)!}{(n-1)!} \sum_{k=0}^{\infty} p_{n+2r,k}(x) \overrightarrow{\Delta}_{1/n}^{2r} f\left(\frac{k}{n}\right) \right| \\
\leqslant{}& C \varphi^{2r\lambda}(x) \cdot \frac{(n+2r-1)!}{(n-1)!} \sum_{k=0}^{\infty} \left\{ \sum_{l=0}^{j-i} \left(\frac{\sqrt{n+2r}}{\varphi(x)} \right)^{j-i+l} \right. \\
&\left. \times \left| \frac{k}{n+2r} - x \right|^l \right\} p_{n+2r,k}(x) \left| \overrightarrow{\Delta}_{1/n}^{2r} f\left(\frac{k}{n}\right) \right| \\
\leqslant{}& C \varphi^{2r\lambda}(x) \cdot \frac{(n+2r-1)!}{(n-1)!} \sum_{l=0}^{j-i} \left(\frac{\sqrt{n+2r}}{\varphi(x)} \right)^{j-i+l} \\
&\times \left\{ \left(\sum_{k=0}^{\infty} \left| \frac{k}{n+2r} - x \right|^{l/1-\lambda} p_{n+2r,k}(x) \right)^{1-\lambda} \right. \\
&\left. \times \left(\sum_{k=0}^{\infty} \left| \overrightarrow{\Delta}_{1/n}^{2r} f\left(\frac{k}{n}\right) \right|^{l/\lambda} p_{n+2r,k}(x) \right)^{\lambda} \right\} \\
={}& C \left(\frac{(n+2r-1)!}{(n-1)!} \right)^{1-\lambda} \sum_{l=0}^{j-i} \left(\frac{\sqrt{n+2r}}{\varphi(x)} \right)^{j-i+l} \\
&\times \left\{ \left(\sum_{k=0}^{\infty} \left| \frac{k}{n+2r} - x \right|^{l/1-\lambda} p_{n+2r,k}(x) \right)^{1-\lambda} \right.
\end{aligned}
$$

$$
\times \left(\sum_{k=0}^{\infty} \frac{(n+2r-1)!}{(n-1)!} \varphi^{2r}(x) \left| \overrightarrow{\Delta}_{1/n}^{2r} f\left(\frac{k}{n}\right) \right|^{1/\lambda} \right.
$$

$$
\left. \times p_{n+2r,k}(x) \right)^{\lambda} \Bigg\}
$$

$$
=: C \left(\frac{(n+2r-1)!}{(n-1)!} \right)^{1-\lambda} \sum_{l=0}^{j-i} \left(\frac{\sqrt{n+2r}}{\varphi(x)} \right)^{j-i+l} \{J_1, J_2\}. \tag{4.2.10}
$$

注意到下式 (参见 [18, p153])

$$
\frac{(n+2r-1)!}{(n-1)!} \sum_{k=0}^{\infty} \varphi^{2r}(x) p_{n+2r,k}(x) \left| \overrightarrow{\Delta}_{1/n}^{2r} f\left(\frac{k}{n}\right) \right|^{1/\lambda}
$$

$$
= n^{2r} \sum_{k=0}^{\infty} \left| \overrightarrow{\Delta}_{1/n}^{2r} f\left(\frac{k}{n}\right) \right|^{1/\lambda}
$$

$$
\times p_{n,k+r}(x) \left(\frac{k}{n}+\frac{1}{n}\right) \cdots \left(\frac{k}{n}+\frac{r}{n}\right) \left(1+\frac{k}{n}+\frac{r}{n}\right) \cdots \left(1+\frac{k}{n}+\frac{2r-1}{2}\right)
$$

$$
\leqslant C \left(n^r p_{n,r}(x) \left| \overrightarrow{\Delta}_{1/n}^{2r} f(0) \right|^{1/\lambda} \right.
$$

$$
\left. + n^{2r} \sum_{k=1}^{\infty} p_{n,k+r}(x) \left(\frac{k}{n}\right)^{r} \left(1+\frac{k}{n}\right)^{r} \left| \overrightarrow{\Delta}_{1/n}^{2r} f\left(\frac{k}{n}\right) \right|^{1/\lambda} \right),
$$

以及当 $k > 0$, $u \geqslant 0$ 时, 有 $\varphi^{2r\lambda}(k/n) \leqslant \varphi^{2r\lambda}(k/n + u)$, 再结合 (4.2.5) 得

$$
J_2
$$

$$
\leqslant C \left(n^r p_{n,r}(x) \left| \overrightarrow{\Delta}_{1/n}^{2r} f(0) \right|^{1/\lambda} \right.
$$

$$
\left. + n^{2r} \sum_{k=1}^{\infty} p_{n,k+r}(x) \left(\frac{k}{n}\right)^{r} \left(1+\frac{k}{n}\right)^{r} \left| \overrightarrow{\Delta}_{1/n}^{2r} f\left(\frac{k}{n}\right) \right|^{1/\lambda} \right)^{\lambda}
$$

$$
\leqslant C \left[n^r p_{n,r}(x) \left(n^{-r+1} \int_0^{2r/n} u^r f^{(2r)}(u) du \right)^{1/\lambda} \right.
$$

$$
\left. + n^{2r} \sum_{k=1}^{\infty} p_{n,k+r}(x) \left(n^{-2r+1} \int_0^{2r/n} \varphi^{2r\lambda}\left(\frac{k}{n}+u\right) \left| f^{(2r)}\left(\frac{k}{n}+u\right) \right| du \right)^{1/\lambda} \right]^{\lambda}
$$

$$
\leqslant C \left[n^r \left(n^{-r} n^{-r(1-\lambda)} \left\| \varphi^{2r\lambda} f^{(2r)} \right\| \right)^{1/\lambda} + n^{2r} \left(n^{-2r} \left\| \varphi^{2r\lambda} f^{(2r)} \right\| \right)^{1/\lambda} \right]^{\lambda}
$$

$$
\leqslant C n^{-2r(1-\lambda)} \left\| \varphi^{2r\lambda} f^{(2r)} \right\|.
$$

由 [18, (9.4.14)], 通过选取适当的 $q \in N$ 使得 $2q(1-\lambda) > 1$, 于是有

$$J_1 \leqslant \left(\sum_{k=0}^{\infty} \left(\frac{k}{n+2r} - x \right)^{2ql} p_{n+2r,k}(x) \right)^{1/2q} \leqslant Cn^{-l/2} \varphi^l(x). \tag{4.2.11}$$

综合 (4.2.10) 和 (4.2.11), 对于 $x \in E_n$, 有

$$|\varphi^{2r\lambda}(x) V_{n,2r+j-i}(f,x)|$$
$$\leqslant Cn^{2r(1-\lambda)} \left(\frac{\sqrt{n+2r}}{\varphi(x)} \right)^{j-i} n^{-2r(1-\lambda)} \|\varphi^{2r\lambda} f^{(2r)}\|.$$

于是利用 (4.1.1) 有 $|D^j \alpha_j^n(x)| \leqslant Cn^{-j+i/2} \varphi^{j-i}(x)$, 对于 $0 < \lambda < 1$ 可得

$$|S| \leqslant C \|\varphi^{2r\lambda} f^{(2r)}\|, \quad x \in E_n. \tag{4.2.12}$$

由上面的推导过程, 知道对于 $\lambda = 0$ ($\lambda = 1$ 的情形类似), 并不需要在 (4.2.10) 的证明中用 Hölder 不等式.

由 (4.2.9) 和 (4.2.12) 可得

$$|S| \leqslant C \|\varphi^{2r\lambda} f^{(2r)}\|.$$

类似地, 也可以推导出

$$|\varphi^{2r\lambda}(x) V_{n,2r}(f,x)| \leqslant C \|\varphi^{2r\lambda} f^{(2r)}\|. \qquad \Box$$

定理 4.2.2 设 $f \in C_B[0,\infty)$, $n \geqslant 2r-1$, $r \in N$, $0 \leqslant \lambda \leqslant 1$, $0 < \alpha < 2r$, 那么可以由

$$|V_n(2r-1,f,x) - f(x)| = O\left(\left(\frac{\delta_n^{1-\lambda}(x)}{\sqrt{n}} \right)^{\alpha} \right)$$

推出

$$\omega_{\varphi^\lambda}^{2r}(f,t) = O(t^\alpha).$$

证明 由引理 4.2.1, 定理 4.2.2 的证明类似于 [22, p145] 中的必要性证明.

$\Box$

由定理 4.1.2 和定理 4.2.2 可得到定理 C.

第 5 章　Szász-Mirakyan 拟内插式算子的点态逼近等价定理

n 阶古典 Szász-Mirakyan 算子 $S_n\,(n \in N)$ 与古典 Bernstein 算子无论从形式上还是性质上都极为类似, 所以它的逼近正、逆定理的证明也类似. 相应地, 它们的拟内插式算子也有相似的形式, 其等价定理的证明类似.

5.1　正　定　理

给出如下引理, 这些结果能从 [80] 中找到.

引理 5.1.1 ([80])　(1) 对于 $x \in E_n^c = \left[0, \dfrac{1}{n}\right), j \geqslant 2$, 有

$$|\alpha_j^n(x)| \leqslant Cn^{-j}.$$

(2) 对于 $m \geqslant 1, x \in E_n = \left[\dfrac{1}{n}, \infty\right)$, 可以得到

$$|\alpha_{2m}^n(x)| \leqslant Cn^{-m}\varphi^{2m}(x), \quad |\alpha_{2m+1}^n(x)| \leqslant Cn^{-m-\frac{1}{2}}\varphi^{2m+1}(x). \tag{5.1.1}$$

下面证明如下引理, 这个引理在正定理证明中有用.

引理 5.1.2　(1) 对于 $x \in E_n^c, j \geqslant 2$, 有

$$\left|D^r(\alpha_j^n(x))\right| \leqslant Cn^{-j+r}. \tag{5.1.2}$$

(2) 对于 $m \geqslant 1, x \in E_n$, 可以得到

$$|D^r\alpha_{2m}^n(x)| \leqslant Cn^{-m+\frac{r}{2}}\varphi^{2m-r}(x),$$
$$|D^r\alpha_{2m+1}^n(x)| \leqslant Cn^{-m+\frac{r-1}{2}}\varphi^{2m-r+1}(x). \tag{5.1.3}$$

证明　对于 $j = 2m, r \leqslant m$, 考虑 (1.2.7) 中的 α_j^n 的 r-阶导数

$$D^r(\alpha_{2m}^n) = D^r\left(c_{2m-1}^n\frac{x}{n^{2m-1}} + c_{2m-2}^n\frac{x^2}{n^{2m-2}} + \cdots + c_m^n\frac{x^m}{n^m}\right)$$
$$\leqslant C\left(c_{2m-r}^n\frac{1}{n^{2m-r}} + c_{2m-r-1}^n\frac{x}{n^{2m-r-1}} + \cdots + c_m^n\frac{x^{m-r}}{n^m}\right).$$

首先, 证明 $x \in E_n^c = \left[0, \dfrac{1}{n}\right)$ 的情形, 这里 $x < \dfrac{1}{n}$.

$$D^r(\alpha_{2m}^n) \leqslant C \left(c_{2m-r}^n \frac{1}{n^{2m-r}} + c_{2m-r-1}^n \frac{x}{n^{2m-r-1}} + \cdots + c_m^n \frac{x^{m-r}}{n^m} \right)$$

$$= \frac{C}{n^{2m-r}} \left(c_{2m-r}^n + c_{2m-r-1}^n nx + \cdots + c_m^n (nx)^{m-r} \right)$$

$$\leqslant C n^{-2m+r}.$$

其次, 考虑 $x \in E_n$ 的情形, 这里 $x \geqslant \dfrac{1}{n}$.

$$D^r(\alpha_{2m}^n)$$

$$\leqslant C \left(c_{2m-r}^n \frac{1}{n^{2m-r}} + c_{2m-r-1}^n \frac{x}{n^{2m-r-1}} + \cdots + c_m^n \frac{x^{m-r}}{n^m} \right)$$

$$= \frac{C x^{m-r}}{n^m} \left(c_{2m-r}^n (nx)^{r-m} + c_{2m-r-1}^n (nx)^{r-m+1} + \cdots + c_m^n \right)$$

$$\leqslant C n^{-m} x^{m-r} \leqslant C n^{-m+\frac{r}{2}} x^{m-\frac{r}{2}} (nx)^{-\frac{r}{2}}$$

$$\leqslant C n^{-m+\frac{r}{2}} \varphi^{2m-r}(x),$$

当 $r > m$ 时, (5.1.3) 显然成立.

这样的话, 证明了对于偶数次 $j = 2m$ 多项式的 α_j^n 的估计结果. 对于奇数次 $j = 2m+1$ 多项式的情况, 可以用类似的方法计算. 于是引理得证. $\square$

有了足够的准备工作, 就可以证明逼近正定理了.

定理 5.1.3　如果 $\varphi(x) = \sqrt{x}, \delta_n(x) = \max\left\{\varphi(x), \dfrac{1}{\sqrt{n}}\right\}, 0 \leqslant \lambda \leqslant 1, n \geqslant 2r - 1$, 那么对于 $f \in C_B[0, \infty)$, 有

$$\left| S_n^{(2r-1)}(f, x) - f(x) \right| \leqslant C \omega_{\varphi^\lambda}^{2r}\left(f, \frac{\delta_n^{1-\lambda}(x)}{\sqrt{n}} \right). \tag{5.1.4}$$

证明　由 $\overline{K}_{\varphi^\lambda}^{2r}(f, t^{2r})$ 的定义, 对于固定的 n, x, λ, 能够选择 $g(t) = g_{\lambda, n, x}(t)$ 使得

$$\|f - g\| + \left(\frac{\delta_n^{1-\lambda}(x)}{\sqrt{n}} \right)^{2r} \|\varphi^{2r\lambda} g^{(2r)}\| + \left(\frac{\delta_n^{1-\lambda}(x)}{\sqrt{n}} \right)^{\frac{2r}{1-\lambda/2}} \|g^{(2r)}\|$$

$$\leqslant 2\overline{K}_{\varphi^\lambda}^{2r}\left(f, \left(\frac{\delta_n^{1-\lambda}(x)}{\sqrt{n}} \right)^{2r} \right).$$

$\|S_n^{(k)}\| \leqslant M$, 这里 M 是不依赖于 n 的常数[80].

因为对于 $p \in \Pi_k$, $S_n^{(k)}p = p$[80], 有

$$|S_n^{(2r-1)}(f,x) - f(x)|$$

$$\leqslant C\left(\|f-g\| + |S_n^{(2r-1)}(g,x) - g(x)|\right)$$

$$= C\left(\|f-g\| + |S_n^{(2r-1)}(R_{2r}(g,\cdot,x),x)|\right)$$

$$=: C(\|f-g\| + I), \tag{5.1.5}$$

这里 $R_{2r}(g,\cdot,x) = \dfrac{1}{(2r-1)!}\displaystyle\int_x^t (t-u)^{2r-1}g^{(2r)}(u)du$. 因此, 只需要估计 I. 当 $\alpha_0^n = 1$, $\alpha_1^n = 0$ 时, 有[80]

$$I \leqslant |S_n(R_{2r}(g,\cdot,x),x)| + \left|\sum_{j=2}^{2r-1} \alpha_j^n(x)D^j S_n(R_{2r}(g,\cdot,x),x)\right|$$

$$=: I_0 + \left|\sum_{j=2}^{2r-1} \alpha_j^n(x)I_j\right|. \tag{5.1.6}$$

下面的不等式是已知的[21]

$$I_0 \leqslant C\omega_{\varphi^\lambda}^{2r}\left(f, \frac{\delta_n^{1-\lambda}(x)}{\sqrt{n}}\right). \tag{5.1.7}$$

为了估计 I_j 需要分两种情形.

情形 I　对于 $x \in E_n^c$, $\delta_n(x) \sim \dfrac{1}{\sqrt{n}}$, 应用公式 (参见 [18, (9.4.3)])

$$S_{n,j}(f,x) = n^j\sum_{k=0}^{\infty} s_{n,k}(x)\left(\overrightarrow{\Delta}_{\frac{1}{n}}^j f\right)\left(\frac{k}{n}\right), \tag{5.1.8}$$

这里 $\overrightarrow{\Delta}_{\frac{1}{n}}^j f\left(\dfrac{k}{n}\right)$ 是 j-阶向前差分, 以及下面的不等式 (参见 [80, (35)] 或者 [18, (9.6.1)])

$$|R_{2r}(g,t,x)| \leqslant \frac{\left|\dfrac{k}{n}-x\right|^{2r-1}}{\delta_n^{2r\lambda}(x)}\left|\int_x^{\frac{k}{n}} \delta_n^{2r\lambda}(x)g^{(2r)}(u)du\right|,$$

于是有

$$|I_j| = |D^j S_n(R_{2r}(g, \cdot, x), x)|$$

$$= \left| n^j \sum_{k=0}^{\infty} s_{n,k}(x) \overrightarrow{\Delta}_{\frac{1}{n}}^{j} \left(\frac{1}{(2r-1)!} \int_x^{\frac{k}{n}} \left(\frac{k}{n} - u \right)^{2r-1} g^{(2r)}(u) du \right) \right|$$

$$\leqslant n^j \sum_{k=0}^{\infty} s_{n,k}(x) \sum_{i=0}^{j} \binom{j}{i} \left| \int_x^{\frac{k+i}{n}} \left(\frac{k+i}{n} - u \right)^{2r-1} g^{(2r)}(u) du \right|$$

$$\leqslant C n^j \sum_{k=0}^{\infty} s_{n,k}(x) \sum_{i=0}^{j} \|\delta_n^{2r\lambda} g^{(2r)}\| \frac{\left(\dfrac{k+i}{n} - x \right)^{2r}}{\delta_n^{2r\lambda}(x)}$$

$$\leqslant C n^j \delta_n^{-2r\lambda}(x) \|\delta_n^{2r\lambda} g^{(2r)}\| \sum_{i=0}^{j} \sum_{k=0}^{\infty} s_{n,k}(x) \left(\left(\frac{k}{n} - x \right)^{2r} + \left(\frac{i}{n} \right)^{2r} \right)$$

$$\leqslant C n^j \left(\frac{\delta_n^{1-\lambda}(x)}{\sqrt{n}} \right)^{2r} \|\delta_n^{2r\lambda} g^{(2r)}\|. \tag{5.1.9}$$

在上述计算的最后一步用到了 $S_n((t-x)^{2r}, x) \leqslant C n^{-r} \delta_n^{2r}(x)$. 注意到对于 $x \in E_n^c$, $|\alpha_j^n(x)| \leqslant C n^{-j}$ 及 $\delta_n(x) \sim \dfrac{1}{\sqrt{n}}$, 所以由 (5.1.6), (5.1.8), (5.1.9), 有

$$\left| \sum_{j=2}^{2r-1} \alpha_j^n(x) I_j \right|$$

$$\leqslant C \left(\frac{\delta_n^{1-\lambda}(x)}{\sqrt{n}} \right)^{2r} \|\delta_n^{2r\lambda} g^{(2r)}\|$$

$$\leqslant C \left(\frac{\delta_n^{1-\lambda}(x)}{\sqrt{n}} \right)^{2r} \|\varphi^{2r\lambda} g^{(2r)}\| + \left(\frac{\delta_n^{1-\lambda}(x)}{\sqrt{n}} \right)^{\frac{2r}{1-\lambda/2}} \|g^{(2r)}\|. \tag{5.1.10}$$

情形 II 对于 $x \in E_n$, $\delta_n(x) \sim \varphi(x)$, 由公式[18, 80]

$$D^j s_{n,k}(x) \leqslant C \sum_{i=0}^{j} \left(\frac{\sqrt{n}}{\varphi(x)} \right)^{j+i} \left| \frac{k}{n} - x \right|^i s_{n,k}(x), \tag{5.1.11}$$

有

$$|I_i| = \left| D^j \sum_{k=0}^{n} s_{n,k}(x) \frac{1}{(2r-1)!} \int_x^{\frac{k}{n}} \left(\frac{k}{n} - u \right)^{2r-1} g^{(2r)}(u) du \right|$$

$$\leqslant C \sum_{k=0}^{n} \sum_{i=0}^{j} \left(\frac{\sqrt{n}}{\varphi(x)} \right)^{j+i} \left| \frac{k}{n} - x \right|^i s_{n,k}(x) \frac{\left(\dfrac{k}{n} - x \right)^{2r}}{\varphi^{2r\lambda}(x)} \|\varphi^{2r\lambda} g^{(2r)}\|$$

$$\leqslant C \sum_{i=0}^{j} \left(\frac{\sqrt{n}}{\varphi(x)} \right)^{j+i} \varphi^{-2r\lambda}(x) \|\varphi^{2r\lambda} g^{(2r)}\| \frac{\varphi^{2r+i}(x)}{n^{r+\frac{i}{2}}}.$$

这样结合 (5.1.1) 有

$$\left| \sum_{j=2}^{2r-1} \alpha_j^n(x) I_j \right|$$

$$\leqslant C \left(\frac{\varphi^{1-\lambda}(x)}{\sqrt{n}} \right)^{2r} \|\varphi^{2r\lambda} g^{(2r)}\|$$

$$= C \left(\frac{\delta_n^{1-\lambda}(x)}{\sqrt{n}} \right)^{2r} \|\varphi^{2r\lambda} g^{(2r)}\|. \tag{5.1.12}$$

由 (5.1.5), (5.1.7), (5.1.10) 以及 (5.1.12) 得到

$$\left| S_n^{(2r-1)}(f,x) - f(x) \right| \leqslant C \omega_{\varphi^\lambda}^{2r} \left(f, \frac{\delta_n^{1-\lambda}(x)}{\sqrt{n}} \right). \qquad \qquad \square$$

如果 $\lambda = 1$, 则 (5.1.4) 就是 [80] 中的结果.

5.2 逆 定 理

为了证明逆定理, 需要给出下面的引理.

引理 5.2.1 对于 $n \geqslant 4r, r \in N, r \geqslant 2$, 有

$$\left| \varphi^{2r\lambda}(x) D^{2r} S_n^{(2r-1)}(f,x) \right| \leqslant C n^r \delta_n^{2r(\lambda-1)}(x) \|f\| \quad (f \in C_B[0,\infty)), \tag{5.2.1}$$

$$\left| \varphi^{2r\lambda}(x) D^{2r} S_n^{(2r-1)}(f,x) \right| \leqslant C \|\varphi^{2r\lambda} f^{(2r)}\| \quad (f \in w^{2r}(\varphi, [0,\infty))). \tag{5.2.2}$$

证明 先来证明 (5.2.1). 考虑 $\lambda = 1$ 的情况. 因为 $\alpha_0^n = 1, \alpha_1^n = 0, \alpha_j^n \in \Pi_j$ 以及 $\lambda = 1, j \geqslant 2$ 对于所有的 $x \in [0,\infty)$, 有

$$\varphi^{2r}(x) D^{2r} S_n^{(2r-1)}(f,x)$$

$$= \varphi^{2r}(x) D^{2r} \left(\sum_{j=0}^{2r-1} \alpha_j^n(x) S_{n,j}(f,x) \right)$$

$$= \varphi^{2r}(x) S_{n,2r}(f,x) + \sum_{j=2}^{2r-1} \varphi^{2r}(x) \sum_{k=0}^{j} \binom{2r}{k} D^k(\alpha_j^n(x)) S_{n,2r+j-k}(f,x)$$

$$=: \varphi^{2r}(x) S_{n,2r}(f,x) + S. \tag{5.2.3}$$

对于 S_n 的导数, 用下面已知的结果. 依据 [18, (9.4.1)] 以及它的证明过程, 可以得到

$$\left| \varphi^{2r}(x) S_{n,2r}(f,x) \right| \leqslant C n^r \|f\|$$

及

$$|\varphi^{2r+s}(x)S_{n,2r+s}(f,x)| \leqslant Cn^{\frac{2r+s}{2}}\|f\|. \tag{5.2.4}$$

为了计算 S 需要分为下面两种情形来考虑.

情形 I 首先估计当 $x \in E_n^c$ 时公式 (5.2.3) 中的 S. 对于 $S_{n,2r+j-k}$ 在 [18, (9.4.3)] 中用 $2r+j-k$ 代替 m, 即

$$S_{n,2r+j-k}(f,x) = n^{2r+j-k}\sum_{i=0}^{\infty}s_{n,i}(x)\overrightarrow{\Delta}_{\frac{1}{n}}^{2r+j-k}f\left(\frac{i}{n}\right).$$

又 $\left|\overrightarrow{\Delta}_{\frac{1}{n}}^{2r+j-k}f\left(\dfrac{i}{n}\right)\right| \leqslant C\|f\|$, 所以对于 $j \geqslant 2$ 有

$$|S_{n,2r+j-k}(f,x)| \leqslant Cn^{2r+j-k}\|f\|.$$

利用 (5.1.1), 即 $|D^k(\alpha_j^n(x))| \leqslant Cn^{-j+k}$ 以及 $\varphi^2(x) \leqslant n^{-1}$, 当 $x \in E_n^c$ 时, 对于 (5.2.3) 中的 S 可得

$$\begin{aligned}
|S| &\leqslant \sum_{j=2}^{2r-1}\varphi^{2r}(x)\sum_{k=0}^{j}\binom{2r}{k}\left|D^k(\alpha_j^n(x))\right| \cdot \left|S_{n,2r+j-k}(f,x)\right| \\
&\leqslant C\sum_{j=2}^{2r-1}n^{-r}\sum_{k=0}^{j}\binom{2r}{k}n^{-j+k}n^{2r+j-k}\|f\| \\
&\leqslant Cn^r\|f\|.
\end{aligned} \tag{5.2.5}$$

情形 II 利用 (5.2.4) (当 $s=j-k$ 时) 以及 (5.1.3), 即

$$\left|D^k(\alpha_j^n(x))\right| \leqslant Cn^{-(j-k)/2}\varphi^{j-k}(x),$$

对于 $x \in E_n$, 有

$$\begin{aligned}
|S| &\leqslant \sum_{j=2}^{2r-1}\varphi^{2r}(x)\sum_{k=0}^{j}\binom{2r}{k}\left|D^k(\alpha_j^n(x))\right| \cdot \left|S_{n,2r+j-k}(f,x)\right| \\
&\leqslant C\sum_{j=2}^{2r-1}\sum_{k=0}^{j}\binom{2r}{k}n^{\frac{-j+k}{2}}\left|\varphi^{2r+j-k}S_{n,2r+j-k}(f,x)\right| \\
&\leqslant C\sum_{j=2}^{2r-1}\sum_{k=0}^{j}\binom{2r}{k}n^{\frac{-j+k}{2}}n^{\frac{2r+j-k}{2}}\|f\| \\
&\leqslant Cn^r\|f\|.
\end{aligned} \tag{5.2.6}$$

结合 (5.2.3), (5.2.5) 以及 (5.2.6), 对于所有的 $x \in [0,\infty)$, 有

$$\left|\varphi^{2r}(x)D^{2r}S_n^{(2r-1)}(f,x)\right| \leqslant Cn^r\|f\|.$$

下一步, 考虑 $0 \leqslant \lambda < 1$ 的情况. 如果 $x \in E_n^c$, 利用 $\varphi^{2r\lambda}(x) \leqslant n^{-r\lambda}$ 可得

$$
\begin{aligned}
|\varphi^{2r\lambda} D^{2r} S_n^{(2r-1)}(f,x)| &\leqslant C n^{-r\lambda} n^{2r} \|f\| \\
&\leqslant C n^r \delta_n^{2r(\lambda-1)}(x) \|f\|.
\end{aligned}
$$

如果 $x \in E_n$, 则 $\delta_n(x) \sim \varphi(x)$, 于是

$$
\begin{aligned}
\left|\varphi^{2r\lambda}(x) D^{2r} S_n^{(2r-1)}(f,x)\right| &= \varphi^{2r(\lambda-1)}(x)\left|\varphi^{2r}(x) D^{2r} S_n^{(2r-1)}(f,x)\right| \\
&\leqslant C n^r \delta_n^{2r(\lambda-1)}(x) \|f\|,
\end{aligned}
$$

这样的话, 就完成了不等式 (5.2.1) 在 $x \in [0,\infty)$ 时的证明.

现在来证明第二个不等式 (5.2.2). 当 $\alpha_0^n = 1, \alpha_1^n = 0$ 及 $\alpha_j^n \in \Pi_j, j \geqslant 2$ 时, 对于所有的 $x \in [0,1]$, 有

$$
\begin{aligned}
&\varphi^{2r\lambda}(x) D^{2r} S_n^{(2r-1)}(f,x) \\
={}&\varphi^{2r\lambda}(x) D^{2r}\left(\sum_{j=0}^{2r-1} \alpha_j^n(x) S_{n,j}(f,x)\right) \\
={}&\varphi^{2r\lambda}(x) S_{n,2r}(f,x) + \sum_{j=2}^{2r-1} \varphi^{2r\lambda}(x) \sum_{i=0}^{j} \binom{2r}{i} D^i(\alpha_j^n(x)) S_{n,2r+j-i}(f,x) \\
={}&\varphi^{2r\lambda}(x) S_{n,2r}(f,x) + S. \tag{5.2.7}
\end{aligned}
$$

依据 [21, (5.3)] 当 $x \in [0,\infty)$ 时, 有

$$
\left|\varphi^{2r\lambda}(x) S_{n,2r}(f,x)\right| \leqslant C \|\varphi^{2r\lambda} f^{(2r)}\|. \tag{5.2.8}
$$

为了估计 S, 还分两种情况讨论, 首先当 $x \in E_n^c$ 时, 有

$$
\begin{aligned}
&\left|S_{n,2r+j-i}(f,x)\right| \\
={}&\left|n^{2r+j-i} \sum_{k=0}^{\infty} s_{n,k}(x) \overrightarrow{\Delta}_{\frac{1}{n}}^{2r+j-i} f\left(\frac{k}{n}\right)\right| \\
={}&\left|n^{2r+j-i} \sum_{k=0}^{\infty} s_{n,k}(x) \sum_{l=0}^{j-i} (-1)^{j-i-l} \binom{j-i}{l} \overrightarrow{\Delta}_{\frac{1}{n}}^{2r} f\left(\frac{k+l}{n}\right)\right| \\
\leqslant{}&C n^{2r+j-i}\left(\sum_{k=0}^{\infty} s_{n,k}(x)\left|\overrightarrow{\Delta}_{\frac{1}{n}}^{2r} f\left(\frac{k}{n}\right)\right| + \sum_{k=0}^{\infty} s_{n,k}(x) \sum_{l=1}^{j-i}\left|\overrightarrow{\Delta}_{\frac{1}{n}}^{2r} f\left(\frac{k+l}{n}\right)\right|\right) \\
=:{}&C n^{2r+j-i}(I_1 + I_2). \tag{5.2.9}
\end{aligned}
$$

结合下面的公式 (参见 [18, p155, (c)])

$$\left|\left(\overrightarrow{\Delta}_{\frac{1}{n}}^{2r}f\right)\left(\frac{k}{n}\right)\right| \leqslant C \begin{cases} n^{-r+1}\displaystyle\int_0^{\frac{2r}{n}} u^r\left|f^{(2r)}(u)\right|du, & k=0, \\ n^{-2r+1}\displaystyle\int_0^{\frac{2r}{n}}\left|f^{(2r)}\left(\frac{k}{n}+u\right)\right|du, & k=1,2,\cdots \end{cases}$$

$$\leqslant C \begin{cases} n^{-r}\left\|\varphi^{2r\lambda}f^{(2r)}\right\|n^{-r(1-\lambda)}, & k=0, \\ n^{-2r}\left\|\varphi^{2r\lambda}f^{(2r)}\right\|\left(\dfrac{k}{n}\right)^{-r\lambda}, & k=1,2,\cdots. \end{cases} \tag{5.2.10}$$

于是

$$I_1 \leqslant C\left(n^{-r}n^{-r(1-\lambda)}\left\|\varphi^{2r\lambda}f^{(2r)}\right\| + n^{-2r}\left\|\varphi^{2r\lambda}f^{(2r)}\right\|\sum_{k=1}^{\infty}s_{n,k}(x)\left(\frac{k}{n}\right)^{-r\lambda}\right).$$

通过简单计算, 易得

$$\sum_{k=1}^{\infty}\left(\frac{n}{k}\right)^r s_{n,k}(x) = \sum_{k=1}^{\infty}e^{-nx}\frac{(nx)^{k+r}}{(k+r)!}\cdot\frac{k+1}{k}\cdot\frac{k+2}{k}\cdot\cdots\cdot\frac{k+r}{k}\cdot\frac{1}{x^r} \leqslant C\frac{1}{x^r}.$$

于是, 对于 $\lambda \neq 0$ 有

$$\sum_{k=1}^{\infty}\left(\frac{n}{k}\right)^{\lambda r}s_{n,k}(x) \leqslant \left(\sum_{k=1}^{\infty}\left(\frac{n}{k}\right)^r s_{n,k}(x)\right)^{\lambda} \leqslant Cx^{-r\lambda}.$$

故而, 有

$$I_1 \leqslant C(n^{-2r}\|\varphi^{2r\lambda}f^{(2r)}\|n^{r\lambda}) + n^{-2r}\|\varphi^{2r\lambda}f^{(2r)}\|x^{-r\lambda}$$
$$= Cn^{-2r}(n^{r\lambda} + \varphi^{-2r\lambda}(x))\|\varphi^{2r\lambda}f^{(2r)}\|. \tag{5.2.11}$$

对于 $\lambda = 0$, (5.2.11) 显然成立. 于是

$$I_1 \leqslant C\|\varphi^{2r\lambda}f^{(2r)}\|n^{-2r}(n^{r\lambda} + \varphi^{-2r\lambda}(x)). \tag{5.2.12}$$

从公式 (5.2.11) 的证明过程可以推导出

$$I_2 \leqslant Cn^{-2r}\|\varphi^{2r\lambda}f^{(2r)}\|\varphi^{-2r\lambda}(x). \tag{5.2.13}$$

利用 (5.2.7)–(5.2.9), (5.2.12), (5.2.13) 以及 (5.1.2), 又注意到当 $x \in E_n^c$ 时, $|\varphi(x)| \leqslant \dfrac{1}{\sqrt{n}}$, 于是有

$$\left|\varphi^{2r\lambda}(x)D^{2r}S_n^{(2r-1)}(f,x)\right| \leqslant C\|\varphi^{2r\lambda}f^{(2r)}\|, \quad x \in E_n^c. \tag{5.2.14}$$

其次, 当 $x \in E_n$ 时, 由 (5.1.11) 有

$$\varphi^{2r\lambda}(x)\left|S_{n,2r+j-i}(f,x)\right|$$

$$=\varphi^{2r\lambda}(x)\left|D^{j-i}S_{n,2r}(f,x)\right|$$

$$=\varphi^{2r\lambda}(x)\left|D^{j-i}n^{2r}\sum_{k=0}^{\infty}s_{n,k}(x)\overrightarrow{\Delta}_{\frac{1}{n}}^{2r}f\left(\frac{k}{n}\right)\right|$$

$$=\varphi^{2r\lambda}(x)\left|n^{2r}\sum_{k=0}^{\infty}D^{j-i}s_{n,k}(x)\overrightarrow{\Delta}_{\frac{1}{n}}^{2r}f\left(\frac{k}{n}\right)\right|$$

$$\leqslant C\varphi^{2r\lambda}(x)n^{2r}\sum_{k=0}^{\infty}\left\{\sum_{l=0}^{j-i}\left(\frac{\sqrt{n}}{\varphi(x)}\right)^{j-i+l}\left|\frac{k}{n}-x\right|^{l}\right\}s_{n,k}(x)\left|\overrightarrow{\Delta}_{\frac{1}{n}}^{2r}f\left(\frac{k}{n}\right)\right|$$

$$\leqslant C\varphi^{2r\lambda}(x)n^{2r}\sum_{l=0}^{j-i}\left(\frac{\sqrt{n}}{\varphi(x)}\right)^{j-i+l}$$

$$\times\left\{\left(\sum_{k=0}^{\infty}\left|\frac{k}{n}-x\right|^{\frac{l}{1-\lambda}}s_{n,k}(x)\right)^{1-\lambda}\left(\sum_{k=0}^{\infty}\left|\overrightarrow{\Delta}_{\frac{1}{n}}^{2r}f\left(\frac{k}{n}\right)\right|^{\frac{1}{\lambda}}s_{n,k}(x)\right)^{\lambda}\right\}$$

$$=Cn^{2r(1-\lambda)}\sum_{l=0}^{j-i}\left(\frac{\sqrt{n}}{\varphi(x)}\right)^{j-i+l}\left\{\left(\sum_{k=0}^{\infty}\left|\frac{k}{n}-x\right|^{\frac{l}{1-\lambda}}s_{n,k}(x)\right)^{1-\lambda}\right.$$

$$\times\left.\left(\sum_{k=0}^{\infty}n^{2r}\varphi^{2r}(x)\left|\overrightarrow{\Delta}_{\frac{1}{n}}^{2r}f\left(\frac{k}{n}\right)\right|^{\frac{1}{\lambda}}s_{n,k}(x)\right)^{\lambda}\right\}$$

$$=:Cn^{2r(1-\lambda)}\sum_{l=0}^{j-i}\left(\frac{\sqrt{n}}{\varphi(x)}\right)^{j-i+l}\left\{J_1\cdot J_2\right\}. \tag{5.2.15}$$

注意到

$$\varphi^{2r}(x)s_{n,k}(x)=x^r e^{-nx}\frac{(nx)^k}{k!}$$

$$=\frac{(k+1)(k+2)\cdots(k+r)}{n^r}s_{n,k+r}(x)$$

$$\leqslant\begin{cases}\dfrac{r!}{n^r}s_{n,r}(x), & k=0,\\[3mm]C\left(\dfrac{k}{n}\right)^r s_{n,k+r}(x), & k\neq0,\end{cases}$$

以及 (5.2.10), 再利用 $\varphi^{2\lambda}\left(\dfrac{k}{n}\right) \leqslant \varphi^{2\lambda}\left(\dfrac{k}{n}+y\right)$, $k>0, 0<y<\dfrac{2r}{n}$, 有

$$
\begin{aligned}
J_2 \leqslant & C\left\{n^r s_{n,r}(x)\left|\vec{\Delta}_{\frac{1}{n}}^{2r}f(0)\right|^{\frac{1}{\lambda}} + n^{2r}\sum_{k=1}^{\infty}s_{n,k+r}(x)\left(\frac{k}{n}\right)^r\left|\vec{\Delta}_{\frac{1}{n}}^{2r}f\left(\frac{k}{n}\right)\right|^{\frac{1}{\lambda}}\right\}^{\lambda} \\
\leqslant & C\left\{n^r s_{n,r}(x)\left(n^{-r+1}\left|\int_0^{\frac{2r}{n}}u^r f^{(2r)}(u)du\right|\right)^{\frac{1}{\lambda}}\right. \\
& \left. + n^{2r}\sum_{k=1}^{\infty}s_{n,k+r}(x)\left(\frac{k}{n}\right)^r\left(n^{-2r+1}\left|\int_0^{\frac{2r}{n}}f^{(2r)}\left(\frac{k}{n}+u\right)du\right|\right)^{\frac{1}{\lambda}}\right\}^{\lambda} \\
\leqslant & C\left\{n^r\left(n^{-r}n^{-r(1-\lambda)}\left\|\varphi^{2r\lambda}f^{(2r)}\right\|\right)^{\frac{1}{\lambda}}\right. \\
& \left. + n^{2r}\sum_{k=1}^{\infty}s_{n,k+r}(x)\left(n^{-2r+1}\left|\int_0^{\frac{2r}{n}}\varphi^{2r\lambda}\left(\frac{k}{n}+u\right)f^{(2r)}\left(\frac{k}{n}+u\right)du\right|\right)^{\frac{1}{\lambda}}\right\}^{\lambda} \\
\leqslant & C\left\{n^r\left(n^{-r}n^{-r(1-\lambda)}\left\|\varphi^{2r\lambda}f^{(2r)}\right\|\right)^{\frac{1}{\lambda}}\right. \\
& \left. + n^{2r}\sum_{k=1}^{\infty}s_{n,k+r}(x)\left(n^{-2r}\left\|\varphi^{2r\lambda}f^{(2r)}\right\|\right)^{\frac{1}{\lambda}}\right\}^{\lambda} \\
\leqslant & Cn^{-2r(1-\lambda)}\left\|\varphi^{2r\lambda}f^{(2r)}\right\|. \tag{5.2.16}
\end{aligned}
$$

由 [18, (9.4.14)] 通过选择 $q\in N$ 使得 $2q(1-\lambda)>1$, 那么有

$$
\begin{aligned}
J_1 &\leqslant \left(\sum_{k=0}^{\infty}\left(\frac{k}{n}-x\right)^{2ql}s_{n,k}(x)\right)^{\frac{1}{2q}} \\
&\leqslant Cn^{-\frac{l}{2}}\varphi^l(x). \tag{5.2.17}
\end{aligned}
$$

综合 (5.2.7), (5.2.8), (5.2.15)–(5.2.17) 以及 (5.1.3), 对于 $0<\lambda<1$ 可以得到

$$
\left|\varphi^{2r\lambda}(x)D^{2r}B_n^{(2r-1)}(f,x)\right| \leqslant C\left|\varphi^{2r\lambda}f^{(2r)}\right\|. \tag{5.2.18}
$$

由 (5.2.14) 和 (5.2.18), 完成了 (5.2.2) 的证明. □

从上面的证明过程中可以知道, 对于 $\lambda=0$ 时 ($\lambda=1$ 是明显的) 不需要在 (5.2.15) 中用 Hölder 不等式就可以得到 (5.2.18).

定理 5.2.2 设 $f\in C_B[0,\infty)$, $n\geqslant 4r$, $r\in N$, $0\leqslant\lambda\leqslant 1$, $0<\alpha<2r$, 则由

$$
\left|S_n^{(2r-1)}(f,x)-f(x)\right| = O\left(\left(\frac{\delta_n^{1-\lambda}(x)}{\sqrt{n}}\right)^{\alpha}\right)
$$

可以得到

$$\omega_{\varphi^\lambda}^{2r}(f,t) = O(t^\alpha).$$

证明　利用引理 5.2.1, 定理 5.2.2 的证明类似于 [28, p145] 中的必要性证明. 这里不再赘述.　　　　　　　　　　　　　　　　　　　　　　　　　　　　　□

这样, 综合定理 5.1.3, 定理 5.2.2 就可得到定理 D.

第 6 章　Bernstein-Durrmeyer 拟内插式算子的逼近

6.1　$M_n f$ 和 $M_n^{(2r-1)} f$ 的某些性质

本章我们考虑 Bernstein-Durrmeyer 拟内插式算子 $M_n^{(2r-1)} f$ 的逼近性质. 为了方便读者阅读, 我们将 Bernstein-Durrmeyer 算子 $M_n f$ 和 Bernstein-Durrmeyer 拟内插式算子 $M_n^{(2r-1)} f$ 的一些性质罗列如下, 这些公式在后面要用到, 大多数公式可以在 [15, 18, 75] 中找到.

(1) $\|M_n f\| \leqslant \|f\|$, $\|M_n^{(2r-1)} f\| \leqslant C\|f\|$.

(2) 对于 $f \in L_1[0,1]$, $f^{(2r-1)} \in \text{A.C.}_{\cdot\text{loc}}$, 以及 $\varphi^{2r} f^{(2r)} \in L_1$, 那么有

$$D^{2r} M_n(f, x)$$
$$= \frac{(n+1)! n!}{(n-2r)!(n+2r)!} \sum_{k=0}^{n-2r} p_{n-2r,k}(x) \int_0^1 p_{n+2r,k+2r}(t) f^{(2r)}(t) dt, \qquad (6.1.1)$$

以及

$$\varphi^{2r}(x) \left(\frac{d}{dx} \right)^{2r} M_n(f, x)$$
$$= (n+1) \sum_{k=0}^{n-2r} \alpha(n,k) p_{n,k+r}(x) \int_0^1 p_{n,k+r}(t) \varphi^{2r}(t) f^{(2r)}(t) dt,$$

其中

$$\alpha(n,k) = \frac{(k+r)!^2}{k!(k+2r)!} \frac{(n-k-r)!^2}{(n-k)!(n-k-2r)!} < 1.$$

(3)
$$D^r M_n(f, x) = \frac{n!}{(n-r)!} \sum_{k=0}^{n-r} p_{n-r,k}(x) \Delta^r a_k(n), \qquad (6.1.2)$$

其中

$$a_k(n) = (n+1) \int_0^1 p_{n,k}(t) f(t) dt, \qquad (6.1.3)$$

$$\Delta^r a_k(n) = \Delta(\Delta^{r-1} a_k(n)) \quad \text{和} \quad \Delta a_k(n) = a_{k+1}(n) - a_k(n). \qquad (6.1.4)$$

(4) 对于 $x \in E_n = \left[\dfrac{1}{n}, 1 - \dfrac{1}{n}\right]$, 有

$$|D^r p_{n,k}(x)| \leqslant C \sum_{i=0}^{r} \left(\left(\frac{\sqrt{n}}{\varphi(x)}\right)^{r+i} \left|\frac{k}{n} - x\right|^i\right) p_{n,k}(x), \qquad (6.1.5)$$

参见 [63, p171], 或者 [18, p127].

(5) 对于 Bernstein-Durrmeyer 拟内插式算子

$$M_n^{(2r-1)}(f, x) = \sum_{j=0}^{2r-1} \alpha_j^n(x) M_{n,j}(f, x),$$

有 (参见 [75, p236])

$$\alpha_j^n(x) = \sum_{s=0}^{[j/2]} (-1)^s \varphi^{2s}(x) J_{j-2s}^{(s,s)}(x) / (s! n(n-1) \cdots (n-j+s+1)), \qquad (6.1.6)$$

这里 $J_m^{(\alpha,\beta)}(x) = P_m^{(\alpha,\beta)}(2x - 1)$ 是定义在 $I = [0,1]$ 上的 Jacobi 多项式, 而

$$P_m^{(\alpha,\beta)}(x) = \frac{\Gamma(\alpha + m + 1)\Gamma(\beta + m + 1)}{m! 2^m} \sum_{k=0}^{m} \frac{\binom{n}{k}(x-1)^{m-k}(1+x)^k}{\Gamma(\alpha + m - k + 1)\Gamma(\beta + k + 1)},$$

这里 $\alpha_j^n(x) \in \Pi_j$, $\alpha_0^n(x) = 1$, $\alpha_1^n(x) = \dfrac{J_1^{(0,0)}(x)}{n} = \dfrac{2x - 1}{n}$.

6.2　正　定　理

本节将给出 $M_n^{(2r-1)} f$ 的逼近正定理. 首先讨论多项式 $\alpha_j^n(x)$ 和它们的导数 $D^r(\alpha_j^n)$.

引理 6.2.1　对于 $\alpha_j^n(x)$ 和 $j \geqslant 1$, 有下面的估计式:

(i) 对于 $x \in E_n^c = \left[0, \dfrac{1}{n}\right] \cup \left[1 - \dfrac{1}{n}, 1\right]$, 下式成立

$$|\alpha_j^n(x)| \leqslant C n^{-j}. \qquad (6.2.1)$$

(ii) 对于 $x \in E_n = \left[\dfrac{1}{n}, 1 - \dfrac{1}{n}\right]$, 下面的式子成立

$$|\alpha_{2m}^n(x)| \leqslant C n^{-m} \varphi^{2m}(x), \quad |\alpha_{2m+1}^n(x)| \leqslant C n^{-m-\frac{1}{2}} \varphi^{2m+1}(x). \qquad (6.2.2)$$

进一步地, 从 (i) 和 (ii) 可得对于所有的 $x \in [0,1]$,

$$|\alpha_j^n(x)| \leqslant C n^{-\frac{j}{2}} \delta_n^j(x). \qquad (6.2.3)$$

(iii) 对于 $x \in E_n^c$, $r \leqslant j$, 下式成立

$$\left| D^r (\alpha_j^n(x)) \right| \leqslant C n^{-j+r}. \tag{6.2.4}$$

(iv) 对于 $x \in E_n$, $r \leqslant j$, 下式成立

$$\left| D^r \alpha_{2m}^n(x) \right| \leqslant C n^{-m+\frac{r}{2}} \varphi^{2m-r}(x), \tag{6.2.5}$$

$$\left| D^r \alpha_{2m+1}^n(x) \right| \leqslant C n^{-m+\frac{r-1}{2}} \varphi^{2m-r+1}(x). \tag{6.2.6}$$

从 (6.2.5) 和 (6.2.6), 对于 $x \in E_n$, 有

$$\left| D^r \alpha_j^n(x) \right| \leqslant C n^{-\frac{j}{2}+\frac{r}{2}} \varphi^{j-r}(x), \tag{6.2.7}$$

这里 C 是只依赖于 j 和 r 的常数.

证明　因为 $J_{j-2s}^{(s,s)}(x) \in \Pi_{j-2s}$, $J_{j-2s}^{(s,s)}(x)$ 对于 n 和 x 是一致有界的, 从 (6.1.6) 容易得到 (6.2.1)–(6.2.3).

这里只给出 (6.2.4) 和 (6.2.5) 的证明, (6.2.6) 的证明和 (6.2.7) 相似. 回顾公式

$$\alpha_{2m}^n(x) = \sum_{s=0}^{m} (-1)^s \varphi^{2s}(x) J_{j-2s}^{(s,s)}(x) / \big(s!(n)_{2m-s}\big),$$

这里 $(n)_i =: n(n-1)\cdots(n-i+1)$.

首先, 考虑 $D^l(\varphi^{2s}(x))(l \leqslant s)$ 的表达式. 注意 $(1-2x)^2 = 1 - 4\varphi^2(x)$, 有

$$\begin{aligned}
\big(\varphi^{2s}(x)\big)' &= s(1-2x)\varphi^{2(s-1)}(x) = (1-2x)a_1^1 \varphi^{2(s-1)}(x), \\
\big(\varphi^{2s}(x)\big)'' &= s\big(-2\varphi^{2(s-1)}(x) + s(s-1)(1-4\varphi^2(x))\varphi^{2(s-2)}(x)\big) \\
&= a_1^2 \varphi^{2(s-1)}(x) + a_2^2 \varphi^{2(s-2)}(x), \\
\big(\varphi^{2s}(x)\big)''' &= (1-2x)\big(a_2^3 \varphi^{2(s-2)}(x) + a_3^3 \varphi^{2(s-3)}(x)\big), \\
\big(\varphi^{2s}(x)\big)^{(4)} &= a_2^4 \varphi^{2(s-2)}(x) + a_3^4 \varphi^{2(s-3)}(x) + a_4^4 \varphi^{2(s-4)}(x), \\
&\cdots\cdots
\end{aligned}$$

这里 a_q^p 表示不依赖于 n 和 x 的常数.

通过对 l 进行归纳, 有下式成立.

$$D^l\big(\varphi^{2s}(x)\big) = (1-2x)^{d(l)} \sum_{i=\left[\frac{l+1}{2}\right]}^{l} a_i^l \varphi^{2(s-i)}(x), \tag{6.2.8}$$

这里 $d(2k) = 0$, $d(2k+1) = 1$, 系数 a_i^l 对于 n 一致有界且不依赖于 $x \in [0,1]$. 注意到

$$\alpha_j^n(x) = \sum_{s=0}^{[j/2]} (-1)^s (x(1-x))^s J_{j-2s}^{(s,s)}(x) / (s!(n)_{j-s})$$

和

$$J_{j-2s}^{(s,s)}(x) = \frac{(-1)^{j-2s}}{(j-2s)!} (x(1-x))^{-s} ((x(1-x))^{j-s})^{(j-2s)},$$

所以有

$$\alpha_{2m}^n(x) = \sum_{s=0}^{m} (-1)^s ((x(1-x))^{2m-s})^{(2m-2s)} / (s!(n)_{2m-s}). \tag{6.2.9}$$

由 (6.2.8) 可以把 (6.2.9) 中的 $((x(1-x))^{2m-s})^{(2m-2s)}$ 表示成下面的形式:

$$D^{2m-2s}(\varphi^{2(2m-s)}(x)) = \sum_{i=m-s}^{2m-2s} a_i^{2m-2s} \varphi^{2(2m-s-i)}(x).$$

这样由 (6.2.9) 和上面的关系式有

$$
\begin{aligned}
\alpha_{2m}^n(x) &= \frac{1}{(n)_{2m}} \left(a_m^{2m} \varphi^{2m}(x) + a_{m+1}^{2m} \varphi^{2(m-1)}(x) + \cdots + a_{2m}^{2m} \varphi^0(x) \right) \\
&\quad + \frac{-1}{1!(n)_{2m-1}} \left(a_{m-1}^{2m-2} \varphi^{2m}(x) + a_m^{2m-2} \varphi^{2(m-1)}(x) + \cdots + a_{2m-2}^{2m-2} \varphi^2(x) \right) \\
&\quad + \cdots + \frac{(-1)^m}{m!(n)_m} a_0^0 \varphi^{2m}(x) \\
&= \frac{b_m}{n^m} \varphi^{2m}(x) + \frac{b_{m-1}}{n^{m+1}} \varphi^{2(m-1)}(x) + \cdots + \frac{b_0}{n^{2m}} \varphi^0(x) \\
&= \sum_{i=0}^{m} \frac{b_i \varphi^{2i}(x)}{n^{2m-i}}, \tag{6.2.10}
\end{aligned}
$$

这里 $\{b_i\}$ 对于 n 一致有界且不依赖于 $x \in [0,1]$.

有了 (6.2.10), 接下来仿照 [63, p165] 中的引理 2.3 能够证明 (6.2.4), (6.2.5). 而 (6.2.6) 是类似的. 这样就完成了引理的证明. □

为了得到正定理, 还需要下面的引理.

引理 6.2.2　设

$$U_{n,m}(x) = \sum_{k=0}^{n-j} p_{n-j,k}(x)(n+1) \int_0^1 p_{n,k+l}(t)(x-t)^m dt \quad (l \leqslant j),$$

那么

$$|U_{n,2m}(x)| \leqslant Cn^{-m} \delta_n^{2m}(x), \tag{6.2.11}$$

这里 $\delta_n(x) = \varphi(x) + \dfrac{1}{\sqrt{n}}$, $\varphi(x) = \sqrt{x(1-x)}$.

证明 经过简单计算, 可以推出

$$U_{n,0}(x) = 1, \quad U_{n,1}(x) = \frac{(j+2)x - l - 1}{n+2}. \tag{6.2.12}$$

从方程

$$U'_{n,m}(x) = (n+1)\sum_{k=0}^{n-j} p'_{n-j,k}(x)\int_0^1 p_{n,k+l}(t)(x-t)^m dt + mU_{n,m-1}(x)$$

和方程

$$\varphi^2(x)p'_{n-j,k}(x) = (k - (n-j)x)p_{n-j,k}(x),$$

可得

$$
\begin{aligned}
I =: & \varphi^2(x)\big(U'_{n,m}(x) - mU_{n,m-1}(x)\big) \\
= & (n+1)\sum_{k=0}^{n-j} \varphi^2(x)p'_{n-j,k}(x)\int_0^1 p_{n,k+l}(t)(x-t)^m dt \\
= & (n+1)\sum_{k=0}^{n-j} p_{n-j,k}(x)\int_0^1 (k+l-nt)p_{n,k+l}(t)(x-t)^m dt \\
& - nU_{n,m+1}(x) - (l - jx)U_{n,m}(x) \\
= & (n+1)\sum_{k=0}^{n-j} p_{n-j,k}(x)\int_0^1 \varphi^2(t)p'_{n,k+l}(t)(x-t)^m dt \\
& - nU_{n,m+1}(x) - (l - jx)U_{n,m}(x) \\
= & (n+1)\sum_{k=0}^{n-j} p_{n-j,k}(x)\int_0^1 p_{n,k+l}(t)\big[-(1-2t)(x-t)^m + m\varphi^2(t)(x-t)^{m-1}\big]dt \\
& - nU_{n,m+1}(x) - (l - jx)U_{n,m}(x).
\end{aligned}
$$

因为

$$
\begin{aligned}
& -(1-2t)(x-t) + m\varphi^2(t) \\
& = m\varphi^2(x) - (m+1)(1-2x)(x-t) - (m+2)(x-t)^2,
\end{aligned}
$$

可得

$$
\begin{aligned}
I = & m\varphi^2(x)U_{n,m-1}(x) - (m+1)(1-2x)U_{n,m}(x) - (m+2)U_{n,m+1}(x) \\
& - nU_{n,m+1}(x) - (l - jx)U_{n,m}(x). \tag{6.2.13}
\end{aligned}
$$

从 (6.2.13) 有下面的递推关系

$$
\begin{aligned}
(n+m&+2)U_{n,m+1}(x) \\
&= \varphi^2(x)\big(2mU_{n,m-1}(x) - U'_{n,m}(x)\big) \\
&\quad - \big((m+1)(1-2x) + (l-jx)\big)U_{n,m}(x).
\end{aligned}
\tag{6.2.14}
$$

从 (6.2.12) 和 (6.2.14) 中经简单的计算可得

$$
U_{n,2m}(x) = (a_{2m}x + b_{2m}) \sum_{i=0}^{m} q_{i,2m} \left(\frac{\varphi^2(x)}{n} \right)^{m-i} n^{-2i},
\tag{6.2.15}
$$

$$
U_{n,2m+1}(x) = (a_{2m+1}x + b_{2m+1}) \sum_{i=1}^{m} q_{i,2m+1} \left(\frac{\varphi^2(x)}{n} \right)^{m-i} n^{-2i-1},
$$

这里 $\{a_i, b_i, q_{i,j}\}$ 对于 n 一致有界且不依赖于 $x \in [0,1]$.

从 (6.2.15), 有

$$
|U_{n,2m}(x)| \leqslant Cn^{-m}\delta_n^{2m}(x). \qquad\qquad \square
$$

下面证明正定理.

定理 6.2.3　设 $\varphi(x) = \sqrt{x(1-x)}$ 和 $n \geqslant 2r-1$, $r \in N$, $r \geqslant 1$, $0 \leqslant \lambda \leqslant 1$, 那么对于 $f \in C[0,1]$, 有

$$
|M_n^{(2r-1)}(f,x) - f(x)| \leqslant C\omega_{\varphi^\lambda}^{2r} \left(f, \frac{\delta_n^{1-\lambda}(x)}{\sqrt{n}} \right).
\tag{6.2.16}
$$

证明　根据 $K_{\varphi^\lambda}(f,t^r)$ 的定义, 以及 $\omega_{\varphi^\lambda}^{2r}(f,t) \sim K_{\varphi^\lambda}(f,t^{2r})$, 对于固定的 x 和 λ 可以挑选 $g = g_{n,x,\lambda}$ (参见 [18, p24, (3.1.3)]) 使得

$$
\begin{aligned}
\|f-g\| &+ \left(n^{-\frac{1}{2}}\delta_n^{1-\lambda}(x) \right)^{2r} \|\varphi^{2r\lambda}g^{(2r)}\| + \left(n^{-\frac{1}{2}}\delta_n^{1-\lambda}(x) \right)^{\frac{2r}{1-\lambda/2}} \|g^{(2r)}\| \\
&\leqslant C\omega_{\varphi^\lambda}^{2r} \left(f, n^{-\frac{1}{2}}\delta_n^{1-\lambda}(x) \right).
\end{aligned}
\tag{6.2.17}
$$

因为对于所有的 $p \in \Pi_{2r-1}$ 有 $M_n^{(2r-1)}(p,x) = p(x)$ 以及 $\|M_n^{(2r-1)}(f,x)\| \leqslant C\|f\|$, 有

$$
|M_n^{(2r-1)}(f,x) - f(x)| \leqslant C\big(\|f-g\| + |M_n^{(2r-1)}(R_{2r}(g,\cdot,x),x)|\big),
\tag{6.2.18}
$$

这里 $R_{2r}(g,t,x) = \dfrac{1}{(2r-1)!} \displaystyle\int_x^t (t-u)^{2r-1}g^{(2r)}(u)du$. 考虑两种情况 $x \in E_n^c$ 和 $x \in E_n$.

情形 I $x \in E_n^c$, 这样 $\varphi^2(x) \leqslant \dfrac{C}{n}$, $\delta_n^2(x) \sim \dfrac{1}{n}$. 由 (6.1.2)–(6.1.4) 有

$$
|I_j| =: |M_{n,j}(R_{2r}(g, \cdot, x), x)|
$$

$$
= \left| \frac{n!}{(n-j)!} \sum_{k=0}^{n-j} p_{n-j,k}(x) \Delta^j \left(\frac{n+1}{(2r-1)!} \int_0^1 p_{n,k}(t) \int_x^t (t-u)^{2r-1} g^{(2r)}(u) du dt \right) \right|
$$

$$
\leqslant C n^j \sum_{k=0}^{n-j} p_{n-j,k}(x) \sum_{l=0}^{j} (n+1) \int_0^1 p_{n,k+l}(t) \left| \int_x^t (t-u)^{2r-1} g^{(2r)}(u) du \right| dt.
$$

利用 [18, p141, 引理 9.6.1],

$$
\left| \int_x^t (t-u)^{2r-1} g^{(2r)}(u) du \right| \leqslant \frac{(t-x)^{2r}}{\delta_n^{2r\lambda}(x)} \| \delta^{2r\lambda}(x) g^{(2r)}(x) \|,
$$

可以得到

$$
|I_j| \leqslant C n^j \sum_{l=0}^{j} \left(\sum_{k=0}^{n-j} p_{n-j,k}(x)(n+1) \int_0^1 p_{n,k+l}(t)(t-x)^{2r} dt \right) \frac{\| \delta_n^{2r\lambda} g^{(2r)} \|}{\delta_n^{2r\lambda}(x)}
$$

$$
\leqslant C n^j n^{-r} \delta_n^{2r(1-\lambda)}(x) \left(\| \varphi^{2r\lambda} g^{(2r)} \| + \frac{1}{n^{r\lambda}} \| g^{(2r)} \| \right)
$$

$$
\leqslant C n^j \left(n^{-r} \delta_n^{2r(1-\lambda)}(x) \| \varphi^{2r\lambda} g^{(2r)} \| + \left(\frac{\delta_n^{1-\lambda}(x)}{\sqrt{n}} \right)^{\frac{2r}{1-\lambda/2}} \| g^{(2r)} \| \right)
$$

$$
\leqslant C n^j \omega_{\varphi^\lambda}^{2r} \left(f, \frac{\delta_n^{1-\lambda}(x)}{\sqrt{n}} \right). \tag{6.2.19}
$$

在上面的证明中利用了 (6.2.11) 和 (6.2.17). 接着结合 (6.2.1) 和 (6.2.19), 可得

$$
\left| M_n^{(2r-1)}(R_{2r}(g, \cdot, x), x) \right|
$$

$$
= \left| \sum_{j=0}^{2r-1} \alpha_j^n(x) I_j \right|
$$

$$
\leqslant C \omega_{\varphi^{2\lambda}}^{2r} \left(f, \frac{\delta_n^{1-\lambda}(x)}{\sqrt{n}} \right). \tag{6.2.20}
$$

最后, 综合 (6.2.17)—(6.2.20) 得到

$$
\left| M_n^{(2r-1)}(f, x) - f(x) \right| \leqslant C \omega_{\varphi^{2\lambda}}^{2r} \left(f, \frac{\delta_n^{1-\lambda}(x)}{\sqrt{n}} \right). \tag{6.2.21}
$$

情形 II　$x \in E_n$, 这样 $\delta_n(x) \sim \varphi(x)$, $\varphi^2(x) \cdot n \geqslant C$. 由 (6.1.5) 有

$$
|M_{n,j}(f,x)|
$$

$$
= \left| \sum_{k=0}^{n} \left(D^j p_{n,k}(x) \right) (n+1) \int_0^1 p_{n,k}(t) f(t) dt \right|
$$

$$
\leqslant C \sum_{k=0}^{n} \sum_{i=0}^{j} \left(\left(\frac{\sqrt{n}}{\varphi(x)} \right)^{j+i} \left| \frac{k}{n} - x \right|^i \right) p_{n,k}(x)(n+1) \left| \int_0^1 p_{n,k}(t) f(t) dt \right|.
$$

于是

$$
|I_j| =: |M_{n,j}(R_{2r}(g,\cdot,x),x)|
$$

$$
\leqslant C \sum_{k=0}^{n} \sum_{i=0}^{j} \left(\frac{\sqrt{n}}{\varphi(x)} \right)^{j+i} \left| \frac{k}{n} - x \right|^i p_{n,k}(x)(n+1) \Bigg|
$$

$$
\times \int_0^1 p_{n,k}(t) \frac{1}{(2r-1)!} \int_x^t (t-u)^{2r-1} g^{(2r)}(u) du dt \Bigg|
$$

$$
\leqslant C \sum_{i=0}^{j} \left(\frac{\sqrt{n}}{\varphi(x)} \right)^{j+i} \sum_{k=0}^{n} p_{n,k}(x) \left| \frac{k}{n} - x \right|^i (n+1)
$$

$$
\times \int_0^1 p_{n,k}(t)(t-x)^{2r} dt \frac{\|\varphi^{2r\lambda} g^{(2r)}\|}{\varphi^{2r\lambda}(x)}. \tag{6.2.22}
$$

现在估计

$$
A_{i,j} =: \sum_{k=0}^{n} p_{n,k}(x) \left| \frac{k}{n} - x \right|^i (n+1) \int_0^1 p_{n,k}(t)(t-x)^{2r} dt.
$$

由 Hölder 不等式, 可得

$$
A_{i,j} \leqslant \left(\sum_{k=0}^{n} p_{n,k}(x) \left| \frac{k}{n} - x \right|^{2i} \right)^{\frac{1}{2}} \left(\sum_{k=0}^{n} p_{n,k}(x) \left((n+1) \int_0^1 p_{n,k}(t)(t-x)^{2r} dt \right)^2 \right)^{\frac{1}{2}}
$$

$$
\leqslant \left(\sum_{k=0}^{n} p_{n,k}(x) \left| \frac{k}{n} - x \right|^{2i} \right)^{\frac{1}{2}} \left(\sum_{k=0}^{n} p_{n,k}(x)(n+1) \int_0^1 p_{n,k}(t)(t-x)^{4r} dt \right)^{\frac{1}{2}}.
$$

利用下面的公式 (参见 [18, (9.4.14)] 和 [15, (6.4)])

$$
\left(\sum_{k=0}^{n} p_{n,k}(x) \left| \frac{k}{n} - x \right|^{2i} \right)^{\frac{1}{2}} \leqslant C \frac{\varphi^i(x)}{n^{i/2}},
$$

以及

$$
\left(\sum_{k=0}^{n} p_{n,k}(x)(n+1) \int_0^1 p_{n,k}(t)(t-x)^{4r} dt \right)^{\frac{1}{2}} \leqslant C \frac{\varphi^{2r}(x)}{n^r},
$$

得

$$A_{i,j} \leqslant C \frac{\varphi^{2r+i}(x)}{n^{r+i/2}}. \tag{6.2.23}$$

从 (6.2.22) 和 (6.2.23), 有

$$|I_j| \leqslant C \Big(\frac{\sqrt{n}}{\varphi(x)} \Big)^j \frac{\varphi^{2r(1-\lambda)}(x)}{n!} \|\varphi^{2r\lambda} g^{(2r)}\|.$$

由于对 $x \in E_n$ 来说, $|\alpha_j^n(x)| \leqslant Cn^{-j/2}\varphi^j(x)$, 于是对于 $x \in E_n$, 有

$$
\begin{aligned}
& |M_n^{(2r-1)}(f,x) - f(x)| \\
& \leqslant C \left(\|f-g\| + \left| \sum_{j=0}^{2r-1} \alpha_j^n(x) I_j \right| \right) \\
& \leqslant C \left(\|f-g\| + \frac{\delta_n^{2r(1-\lambda)}(x)}{n^r} \|\varphi^{2r\lambda} g^{(2r)}\| \right) \\
& \leqslant C \omega_{\varphi^\lambda}^{2r} \left(f, \frac{\delta_n^{1-\lambda}(x)}{\sqrt{n}} \right).
\end{aligned}
\tag{6.2.24}
$$

结合 (6.2.21) 以及 (6.2.24) 得到 (6.2.16). 这样就证明了定理 6.2.3. □

由定理 6.2.3, 得到了定理 E 的必要性.

6.3 逆 定 理

这一节将证明定理 E 的充分性.

定理 6.3.1 设 $f \in C[0,1]$, $0 \leqslant \lambda \leqslant 1$, $n \geqslant 4r$, $r \leqslant 1$, $0 < \alpha < 2r$. 那么可由

$$|M_n^{(2r-1)}(f,x) - f(x)| = O \left(\left(\frac{\delta_n^{1-\lambda}(x)}{\sqrt{n}} \right)^\alpha \right) \tag{6.3.1}$$

推出

$$\omega_{\varphi^\lambda}^{2r}(f,t) = O(t^\alpha). \tag{6.3.2}$$

由于有了 [28, 引理 3.2, 引理 3.3] 和 [28, p145] 中必要性的证明部分, 因此, 为了证明定理 6.3.1, 只需要证明下面的引理.

引理 6.3.2 设 $n \geqslant 4r$, $r \geqslant 1$, $0 \leqslant \lambda \leqslant 1$, 那么对于 $f \in C[0,1]$, 有

$$\left| \varphi^{2r\lambda}(x) D^{2r} M_n^{(2r-1)}(f,x) \right| \leqslant Cn^r \delta_n^{2r(\lambda-1)}(x) \|f\|. \tag{6.3.3}$$

更进一步地对于光滑函数 $f: \{f^{(2r-1)}(x) \in \mathrm{A.C._{loc}}, \|\varphi^{2r\lambda} f^{(2r)}\| \leqslant \infty\}$,

$$\left| \varphi^{2r\lambda}(x) D^{2r} B_n^{(2r-1)}(f,x) \right| \leqslant C \|\varphi^{2r\lambda} f^{(2r)}\|. \tag{6.3.4}$$

证明　首先证明 (6.3.3). 当 $\lambda = 1$ 时, 由

$$\varphi^{2r} D^{2r} M_n^{(2r-1)}(f, x)$$

$$= \varphi^{2r} D^{2r} \sum_{j=0}^{2r-1} \alpha_j^n(x) M_{n,j}(f, x)$$

$$= \varphi^{2r} D^{2r} M_n(f, x) + \sum_{j=1}^{2r-1} \varphi^{2r}(x) \sum_{l=0}^{j} \binom{2r}{l} D^l(\alpha_j^n(x)) M_{n,2r+j-l}(f, x). \qquad (6.3.5)$$

知道 (参见 [15, (4.3)])

$$\left| \varphi^{2r} D^{2r} M_n(f, x) \right| \leqslant C n^r \|f\|. \qquad (6.3.6)$$

为了估计 (6.3.5) 中的第二项, 即和式 "$\displaystyle\sum_{j=1}^{2r-1}$". 考虑两种情况: 一是 $x \in E_n^c$, 二是 $x \in E_n$.

情形 I　当 $x \in E_n^c$ 时, 有 $\varphi^2(x) \leqslant \dfrac{C}{n}$. 由 (6.1.2) — (6.1.4) 有

$$M_{n,2r+j-l}(f, x) = \frac{n!}{(n - 2r - j + l)!} \sum_{k=0}^{n-2r-j+l} p_{n-2r-j+l,k}(x) \left(\Delta^{2r+j-l} a_k(n) \right).$$

由于 $\left| \Delta^{2r+j-l} a_k(n) \right| \leqslant C \|f\|$ 以及 $\dfrac{n!}{(n - 2r - j + l)!} \sim n^{2r+j-l}$, 故可得

$$\left| M_{n,2r+j-l}(f, x) \right| \leqslant C n^{2r+j-l} \|f\|.$$

注意到, 对于 $x \in E_n^c$, $\left| D^l \alpha_j^n(x) \right| \leqslant C n^{-j+l}$ 以及 $\varphi^{2r}(x) \leqslant C n^{-r}$, 可以得到

$$\left| \sum_{j=1}^{2r-1} \varphi^{2r}(x) \sum_{l=0}^{j} \binom{2r}{l} \left(D^l \alpha_j^n(x) \right) M_{n,2r+j-l}(f, x) \right|$$

$$\leqslant C n^{-r} n^{-j+l} n^{2r+j-l} \|f\| = C n^r \|f\|. \qquad (6.3.7)$$

于是从 (6.3.6) 和 (6.3.7) 对于 $x \in E_n^c$ 可得

$$\left| \varphi^{2r} D^{2r} M_n^{(2r-1)}(f, x) \right| \leqslant C n^r \|f\|. \qquad (6.3.8)$$

情形 II　$x \in E_n$. 对于这种情况由 (6.2.7)

$$\left| D^l \alpha_j^n(x)(x) \right| \leqslant C n^{-\frac{j}{2} + \frac{l}{2}} \varphi^{j-l}(x)$$

以及 [15, (4.3)] 的证明过程容易得到对于任意的 $r \in N$, 有

$$\left| \varphi^r(x) M_{n,r}(f, x) \right| \leqslant C n^{r/2} \|f\|.$$

这样就可得到

$$\left| \sum_{j=1}^{2r-1} \varphi^{2r}(x) \sum_{l=0}^{j} \binom{2r}{l} (D^l \alpha_j^n(x)) M_{n,2r+j-l}(f,x) \right|$$

$$\leqslant C \sum_{j=1}^{2r-1} \sum_{l=0}^{j} n^{-\frac{j}{2}+\frac{l}{2}} \left| \varphi^{2r+j-l}(x) M_{n,2r+j-l}(f,x) \right|$$

$$\leqslant C \sum_{j=1}^{2r-1} \sum_{l=0}^{j} n^{-\frac{j}{2}+\frac{l}{2}} n^{r+\frac{j}{2}-\frac{l}{2}} \|f\| \leqslant C n^r \|f\|. \tag{6.3.9}$$

结合 (6.3.6), (6.3.8) 和 (6.3.9), 对于 $x \in [0,1]$ 便有

$$\left| \varphi^{2r} D^{2r} M_n^{(2r-1)}(f,x) \right| \leqslant C n^r \|f\|. \tag{6.3.10}$$

下面通过 (6.3.10) 证明 (6.3.3). 对于 $0 \leqslant \lambda \leqslant 1$, $x \in E_n^c$, 有 $\varphi^2(x) \leqslant \dfrac{c}{n}$ 和 $\delta_n^2(x) \sim \dfrac{1}{n}$, 从 (6.3.7) 的证明过程以及 $\|\varphi^{2r\lambda}\|_{L_\infty(E_n^c)} \sim n^{-r\lambda}$, 容易得到

$$\left| \varphi^{2r\lambda}(x) D^{2r} M_n^{(2r-1)}(f,x) \right|$$

$$\leqslant C n^{-r\lambda} n^{2r} \|f\|$$

$$\leqslant C n^r \delta_n^{2r(\lambda-1)}(x) \|f\|. \tag{6.3.11}$$

对于 $0 \leqslant \lambda \leqslant 1$, $x \in E_n$ 有 $\varphi(x) \sim \delta_n(x)$, 这样由 (6.3.10) 可得

$$\left| \varphi^{2r\lambda}(x) D^{2r} M_n^{(2r-1)}(f,x) \right|$$

$$= \varphi^{2r(\lambda-1)}(x) \left| \varphi^{2r}(x) D^{2r} M_n^{(2r-1)}(f,x) \right|$$

$$\leqslant C n^r \delta_n^{2r(\lambda-1)}(x) \|f\|. \tag{6.3.12}$$

由 (6.3.11) 和 (6.3.12) 就可以证明 (6.3.3).

现在证明 (6.3.4). 也考虑两种情况: $x \in E_n^c$ 和 $x \in E_n$.

情形 I $x \in E_n^c$. 由 (6.1.1) 和 (6.1.2)—(6.1.4) 对于 $l \leqslant j$, 有

$$M_{n,2r+j-l}(f,x) = D^{j-l}\big(D^{2r} M_n(f,x)\big)$$

$$= D^{j-l} \left(\frac{(n+1)!n!}{(n-2r)!(n+2r)!} \sum_{k=0}^{n-2r} p_{n-2r,k}(x) \int_0^1 p_{n+2r,k+2r}(t) f^{(2r)}(t) dt \right)$$

$$= \frac{(n!)^2}{(n-2r)!(n+2r)!} \cdot \frac{(n-2r)!}{(n-2r-j+l)!}$$

$$\times \sum_{k=0}^{n-2r-j+l} p_{n-2r-j+l,k}(x) \Delta^{j-l} \overline{a}_{k+2r}(n+2r), \tag{6.3.13}$$

这里

$$\overline{a}_{k+2r}(n+2r) = (n+1)\int_0^1 p_{n+2r,k+2r}(t)f^{(2r)}(t)dt,$$

$$\Delta^r\overline{a}_k(n) = \Delta(\Delta^{r-1}\overline{a}_k(n)), \quad \Delta\overline{a}_k(n) = \overline{a}_{k+1}(n) - \overline{a}_k(n).$$

对于 $0 \leqslant i \leqslant j - l$, 估计

$$I =: \sum_{k=0}^{n-2r-j+l} p_{n-2r-j+l}(x)(n+1)\left|\int_0^1 p_{n+2r,k+2r+i}(t)f^{(2r)}(t)dt\right|.$$

对于 $0 \leqslant \lambda \leqslant 1$, 有

$$\varphi^{2r\lambda}(x)I$$

$$\leqslant C\|\varphi^{2r\lambda}f^{(2r)}\|\varphi^{2r\lambda}(x)\sum_{k=0}^{n-2r-j+l} p_{n-2r-j+l}(x)(n+1)$$

$$\times \int_0^1 p_{n+2r,k+2r+i}(t)\varphi^{-2r\lambda}(t)dt$$

$$\leqslant C\|\varphi^{2r\lambda}f^{(2r)}\|\left(\sum_{k=0}^{n-2r-j+l} p_{n-2r-j+l,k}(x)\varphi^{2r}(x)(n+1)\right.$$

$$\left.\times \int_0^1 p_{n+2r,k+2r+i}(t)\varphi^{-2r}(t)dt\right)^{\lambda}.$$

注意

$$p_{n+2r,k+2r+i}(t)\varphi^{-2r}(t)$$

$$= \frac{(n+2r)!(k+r+i)!(n-k-i-r)!}{(k+2r+i)!(n-k-i)!n!}p_{n,k+r+i}(t)$$

$$=: \alpha_{n,k,i}p_{n,k+r+i}(t)$$

和

$$p_{n-2r-j+l,k}(x)\varphi^{2r}(x)$$

$$= \frac{(n-2r-j+l)!(k+1)!(n-j+l-k-r)!}{k!(n-2r-j+l-k)!(n-j+l)!}p_{n-j+l,k+r}(x)$$

$$=: \beta_{n,k,l}p_{n-j+l,k+r}(x),$$

以及 $\alpha_{n,k,i}\cdot\beta_{n,k,l} \leqslant C$, 则有 $\varphi^{2r\lambda}(x)I \leqslant C\|\varphi^{2r\lambda}f^{(2r)}\|$.

利用 (6.3.13) 和

$$\left|\Delta^{j-l}\overline{a}_{k+2r}(n+2r)\right| \leqslant C\sum_{i=0}^{j-l}(n+1)\left|\int_0^1 p_{n+2r,k+2r+i}(t)f^{(2r)}(t)dt\right|$$

可得

$$\left|\varphi^{2r\lambda}(x)M_{n,2r+j-l}(f,x)\right| \leqslant Cn^{j-l}\|\varphi^{2r\lambda}f^{(2r)}\|.$$

所以由 $|D^l\alpha_j^n(x)| \leqslant Cn^{-j+l}$ 有

$$\left|\varphi^{2r\lambda}(x)D^{2r}M_n^{(2r-1)}(f,x)\right|$$

$$= \left|\varphi^{2r\lambda}(x)\sum_{j=0}^{2r-1}\sum_{j=0}^{j}\binom{2r}{l}\left(D^l\alpha_j^n(x)\right)M_{n,2r+j-l}(f,x)\right|$$

$$\leqslant C\|\varphi^{2r\lambda}f^{(2r)}\|. \tag{6.3.14}$$

情形 II $x \in E_n$. 记

$$|M_{n,2r+j-l}(f,x)|$$

$$= \left|\frac{(n!)^2}{(n-2r)!(n+2r)!}\sum_{k=0}^{n-2r}\left(D^{j-l}p_{n-2r,k}(x)\right)(n+1)\int_0^1 p_{n+2r,k+2r}(t)f^{(2r)}(t)dt\right|$$

$$\leqslant C\sum_{k=0}^{n-2r}\sum_{i=0}^{j-l}\left(\frac{\sqrt{n-2r}}{\varphi(x)}\right)^{j-l+i}\left|\frac{k}{n-2r}-x\right|^i p_{n-2r,k}(x)(n+1)$$

$$\times \left|\int_0^1 p_{n+2r,k+2r}(t)f^{(2r)}(t)dt\right|$$

$$\leqslant C\|\varphi^{2r\lambda}f^{(2r)}\|\sum_{k=0}^{n-2r}\sum_{i=0}^{j-l}\left(\frac{\sqrt{n-2r}}{\varphi(x)}\right)^{j-l+i}\left|\frac{k}{n-2r}-x\right|^i p_{n-2r,k}(x)(n+1)$$

$$\times \int_0^1 p_{n+2r,k+2}(t)\varphi^{-2k\lambda}(t)dt$$

$$=: C\|\varphi^{2r\lambda}f^{(2r)}\| \cdot J.$$

下面估计 $\varphi^{2r\lambda}(x)J$. 如果 $\lambda=1$, 那么

$$\varphi^{2r}(x)J$$

$$= \sum_{i=0}^{j-l}\left(\frac{\sqrt{n-2r}}{\varphi(x)}\right)^{j-l+i}\sum_{k=0}^{n-2r}p_{n,k+r}(x)\overline{\alpha}(n,k)\left|\frac{k}{n-2r}-x\right|^i(n+1)\int_0^1 p_{n,k+r}(t)dt,$$

这里

$$\overline{\alpha}(n,k) = \frac{(n-2r)!(n+2r)!}{(n!)^2} \cdot \frac{((k+r)!)^2}{k!(k+2r)!} \cdot \frac{((n-k-r)!)^2}{(n-k)!(n-k-2r)!} \leqslant C.$$

因为

$$\sum_{k=0}^{n-2r} p_{n,k+r}(x) \left| \frac{k}{n-2r} - x \right|^i$$

$$\leqslant \left(\sum_{k=0}^{n-2r} p_{n,k+r}(x) \left(\frac{k}{n-2r} - x \right)^{2i} \right)^{\frac{1}{2}}$$

$$\leqslant C \sum_{k=0}^{n} p_{n,k}(x) \left(\left(\frac{k}{n} - x \right)^{2i} + \left(\frac{1}{n} \right)^{2i} \right)^{\frac{1}{2}}$$

$$\leqslant Cn^{-\frac{i}{2}} \left(\varphi^i(x) + n^{-\frac{i}{2}} \right) \leqslant Cn^{-\frac{i}{2}} \varphi^i(x),$$

有

$$\varphi^{2r}(x) J \leqslant C \left(\frac{\sqrt{n-2r}}{\varphi(x)} \right)^{j-l}.$$

所以

$$\left| \varphi^{2r}(x) M_{n,2r+j-l}(f,x) \right| \leqslant C \left(\frac{\sqrt{n-2r}}{\varphi(x)} \right)^{j-l} \| \varphi^{2r} f^{(2r)} \|.$$

利用 $\left| D^l \alpha_j^n(x) \right| \leqslant Cn^{-\frac{i}{2}+\frac{l}{2}} \varphi^{j-l}(x)$ 得到

$$\left| \varphi^{2r}(x) D^{2r} M_n^{(2r-1)}(f,x) \right|$$

$$\leqslant C \sum_{j=0}^{2r-1} \sum_{l=0}^{j} \left| D^l \alpha_j^n(x) \right| \cdot \left| \varphi^{2r}(x) M_{n,2r+j-l}(f,x) \right|$$

$$\leqslant C \| \varphi^{2r} f^{(2r)} \|. \tag{6.3.15}$$

如果 $0 \leqslant \lambda < 1$, 那么

$$\varphi^{2r\lambda} J = \sum_{i=0}^{j-l} \left(\frac{\sqrt{n-2r}}{\varphi(x)} \right)^{j-l+i} \sum_{k=0}^{n-2r} p_{n-2r,k}(x) \varphi^{2r\lambda}(x) \left| \frac{k}{n-2r} - x \right|^i$$

$$\times (n+1) \left| \int_0^1 p_{n+2r,k+2r}(t) f^{(2r)}(t) dt \right|$$

$$\leqslant C \| \varphi^{2r\lambda} f^{(2r)} \| \sum_{i=0}^{j-l} \left(\frac{\sqrt{n-2r}}{\varphi(x)} \right)^{j-l+i} \sum_{k=0}^{n-2r} p_{n-2r,k}(x) \varphi^{2r\lambda}(x) \left| \frac{k}{n-2r} - x \right|^i$$

$$\times (n+1) \int_0^1 p_{n+2r,k+2r}(t) \varphi^{-2r\lambda}(t) dt$$

$$\leqslant C \| \varphi^{2r\lambda} f^{(2r)} \| \sum_{i=0}^{j-l} \left(\frac{\sqrt{n-2r}}{\varphi(x)} \right)^{j-l+i} \left(\sum_{k=0}^{n-2r} p_{n-2r,k}(x) \left| \frac{k}{n-2r} - x \right|^{\frac{i}{1-\lambda}} \right)^{1-\lambda}$$

$$\times \left(\sum_{k=0}^{n-2r} p_{n-2r,k}(x)\varphi^{2r}(x)(n+1) \int_0^1 p_{n+2r,k+2r}(t)\varphi^{-2r}(t)dt \right)^{\lambda}$$

$$=: C\|\varphi^{2r\lambda} f^{(2r)}\| \sum_{i=0}^{j-l} \left(\frac{\sqrt{n-2r}}{\varphi(x)} \right)^{j-l+i} \cdot J_1 \cdot J_2.$$

下面分别估计 J_1 和 J_2.

$$J_2 = \left(\sum_{k=0}^{n-2r} p_{n,k+r}(x)\alpha(n,k,r)(n+1) \int_0^1 p_{n,k+r}(t)dt \right)^{\lambda} \leqslant C,$$

这里

$$\alpha(n,k,r) = \frac{(n-2r)!(n+2r)!}{(n!)^2} \cdot \frac{((k+r)!)^2}{k!(k+2r)!} \cdot \frac{((n-k-r)!)^2}{(n-k-2r)!(n-k)!} \leqslant C.$$

为了估计 J_1, 选取 $m \in N$ 使得 $2m \geqslant \dfrac{i}{1-\lambda}$, 这样

$$J_1 \leqslant \left(\sum_{k=0}^{n-2r} p_{n-2r,k}(x) \left(\frac{k}{n-2r} - x \right)^{2m} \right)^{\frac{i}{2m}} \leqslant C \left(\frac{\varphi(x)}{\sqrt{n}} \right)^{i}.$$

于是对于 $0 \leqslant \lambda < 1$, 有

$$\varphi^{2r\lambda} J \leqslant C\|\varphi^{2r\lambda} f^{(2r)}\| \sum_{i=0}^{j-l} \left(\frac{\sqrt{n-2r}}{\varphi(x)} \right)^{j-l+i} \left(\frac{\varphi(x)}{\sqrt{n}} \right)^{i}$$

$$\leqslant C\|\varphi^{2r\lambda} f^{(2r)}\| \left(\frac{\sqrt{n-2r}}{\varphi(x)} \right)^{j-l}.$$

又由于对于 $x \in E_n$, $0 \leqslant \lambda < 1$, 有 $|D^l \alpha_j^n(x)| \leqslant Cn^{-\frac{j}{2}+\frac{l}{2}} \varphi^{j-l}(x)$, 故

$$|\varphi^{2r\lambda}(x) D^{2r} M_n^{(2r-1)}(f,x)|$$

$$\leqslant C \sum_{j=0}^{2r-1} \sum_{l=0}^{j} |D^l \alpha_j^n(x)| \cdot |\varphi^{2r\lambda} J|$$

$$\leqslant C\|\varphi^{2r\lambda} f^{(2r)}\|. \tag{6.3.16}$$

综合 (6.3.14)–(6.3.16) 得到 (6.3.4). 这样就完成了引理 6.3.2 的证明. □

由引理 6.3.2 和 [28, 引理 3.2], 利用和 [28, p145] 中证明充分性的类似方法就可由 (6.3.2) 推出 (6.3.1), 即证明定理 6.3.1.

有了正逆定理, 可以把它们结合在一起得到等价定理 (即定理 E).

对于 $M_n^{(2r-1)}(f,x)$ 在空间 $L_p[0,1]$ $(1 \leqslant p < \infty)$ 中的逼近结果, 也是可以证明的. 但显然地, 只能考虑当 $\lambda = 1$ 这一种情况.

第 7 章　Szász-Mirakyan Kantorovich 拟内插式算子的逼近等价定理

本章我们给出 Szász-Mirakyan Kantorovich 拟内插式算子 $U_n^{(2r-1)}f$ 的逼近正、逆定理以及逼近等价定理. 在古典著名原算子中, Szász-Mirakyan 与 Bernstein 的算子无论从形式上还是性质上来说最为接近. 所以它们的 Kantorovich 变形拟内插式算子性质的证明从某些方面来说也类似.

7.1　正　定　理

这一节为了给出 Szász-Mirakyan Kantorovich 拟内插式算子 $U_n^{(2r-1)}f$ 的逼近正定理, 首先估计 (1.2.8) 中算子的多项式系数 $\widetilde{\alpha}_j^n(x)$ 和它的导数 $D^r(\widetilde{\alpha}_j^n)$.

引理 7.1.1　对于 $\widetilde{\alpha}_j^n(x)$, $j \geqslant 1$, 有以下估计:

(i) 对于 $x \in E_n^c = \left[0, \dfrac{1}{n}\right)$, 有下式成立:

$$|\widetilde{\alpha}_j^n(x)| \leqslant Cn^{-j}. \tag{7.1.1}$$

(ii) 对于 $x \in E_n = \left[\dfrac{1}{n}, \infty\right)$, 下式成立:

$$|\widetilde{\alpha}_{2m}^n(x)| \leqslant Cn^{-m}\varphi^{2m}(x), \quad |\widetilde{\alpha}_{2m+1}^n(x)| \leqslant Cn^{-m-\frac{1}{2}}\varphi^{2m+1}(x). \tag{7.1.2}$$

进一步综合 (i), (ii), 对所有 $x \in [0,1]$, 有

$$|\widetilde{\alpha}_j^n(x)| \leqslant Cn^{-\frac{j}{2}}\delta_n^j(x).$$

(iii) 对于 $x \in E_n^c$, $r \leqslant j$, 下式成立

$$\left|D^r(\widetilde{\alpha}_j^n(x))\right| \leqslant Cn^{-j+r}.$$

(iv) 对于 $x \in E_n$, $r \leqslant j$, 下面的式子成立

$$\left|D^r(\widetilde{\alpha}_{2m}^n(x))\right| \leqslant Cn^{-m+\frac{r}{2}}\varphi^{2m-r}(x),$$
$$\left|D^r(\widetilde{\alpha}_{2m+1}^n(x))\right| \leqslant Cn^{-m+\frac{r-1}{2}}\varphi^{2m-r+1}(x),$$

即

$$|D^r(\widetilde{\alpha}_j^n(x))| \leqslant Cn^{-\frac{j}{2}+\frac{r}{2}}\varphi^{j-r}(x),$$

这里常数 C 只依赖于 j 和 r.

证明　从 [80, 引理 1.5], [42, 引理 2.2] 并注意到 (1.2.8) 和 (1.2.9), 由简单的计算就可以证明以上结论.　　　　　　　　　　　　　　　　　　　　□

现在证明 $U_n^{(r)}$ $(0 \leqslant r \leqslant n)$ 的有界性. 注意因为 $\widetilde{\alpha}_0^n = 1$, 所以有 $U_n^{(0)} = U_n$.

定理 7.1.2　设 $\varphi(x) = \sqrt{x}, n \geqslant \max\{1,r\}, r \in N_0$, 那么对于 $f \in L_p(I), 1 \leqslant p \leqslant \infty$, 有

$$\|U_n^{(r)}(f,x)\|_p \leqslant C\|f\|_p. \tag{7.1.3}$$

证明　对于 $r = 0$, (7.1.3) 正确[18]. 以下只证明 $r \geqslant 1$ 的情形. 从 [18, (9.4.1)] 的证明过程中可得

$$\|\varphi^j(x)U_{n,j}(f,x)\|_p \leqslant Cn^{\frac{j}{2}}\|f\|_p, \tag{7.1.4}$$

对于 $x \in E_n$, 利用 (7.1.4) 和 (7.1.2), 有

$$\|U_n^{(r)}(f,x)\|_{L_p(E_n)}$$

$$\leqslant C\|U_nf\|_p + \left\|\sum_{j=1}^r |\widetilde{\alpha}_j^n(x)|U_{n,j}(f,x)\right\|_{L_p(E_n)}$$

$$\leqslant C\|f\|_p + C\left\|\sum_{j=1}^r n^{-\frac{j}{2}}\varphi^j(x)U_{n,j}(f,x)\right\|_{L_p(E_n)}$$

$$\leqslant C\|f\|_p + C\sum_{j=1}^r n^{-\frac{j}{2}}n^{\frac{j}{2}}\|f\|_p \leqslant C\|f\|_p.$$

设

$$a_k(n) = n\int_{\frac{k}{n}}^{\frac{k+1}{n}} f(t)dt,$$

$$\Delta a_k(n) = a_{k+1}(n) - a_k(n),$$

$$\Delta^j(a_k(n)) = \Delta(\Delta^{j-1}a_k(n)).$$

从 [18, p126] 的证明过程中可得

$$\left\|\sum_{k=0}^\infty s_{n,k}(x)\Delta^j a_k(n)\right\|_p \leqslant C\|f\|_p. \tag{7.1.5}$$

对于 $x \in E_n^c$, 由 (7.1.1), (7.1.5) 和 [18, (9.4.4)], 有

$$
\|U_n^{(r)}(f,x)\|_{L_p(E_n^c)}
$$

$$
\leqslant C\|U_n f\|_p + \left\|\sum_{j=1}^{r} |\widetilde{\alpha}_j^n(x)| U_{n,j}(f,x)\right\|_{L_p(E_n^c)}
$$

$$
\leqslant C\|f\|_p + C\left\|\sum_{j=1}^{r} n^{-j} U_{n,j}(f,x)\right\|_p
$$

$$
\leqslant C\|f\|_p + C\sum_{j=1}^{r} n^{-j} n^j \left\|\sum_{k=0}^{\infty} s_{n,k}(x)\Delta^j n \int_{\frac{k}{n}}^{\frac{k+1}{n}} f(t)dt\right\|_p
$$

$$
\leqslant C\|f\|_p. \qquad\qquad\qquad\qquad\qquad\qquad\qquad \square
$$

下面开始证明正定理.

定理 7.1.3 设 $\varphi(x) = \sqrt{x}, \delta_n(x) = \max\left\{\varphi(x), \dfrac{1}{\sqrt{n}}\right\}, n \geqslant 2r-1, r \in N$, 那么对于 $f \in C_B[0,\infty)$, 有

$$
|U_n^{(2r-1)}(f,x) - f(x)| \leqslant C\omega_{\varphi^\lambda}^{2r}\left(f, \frac{\delta_n^{1-\lambda}(x)}{\sqrt{n}}\right), \qquad (7.1.6)
$$

对于 $f \in L_p(I), 1 \leqslant p \leqslant \infty$, 有

$$
\left\|U_n^{(2r-1)}(f,x) - f(x)\right\|_p \leqslant C\omega_\varphi^{2r}\left(f, \frac{1}{\sqrt{n}}\right)_p. \qquad (7.1.7)
$$

证明 先证明 (7.1.6). 由 $\overline{K}_{\varphi^\lambda}(f,t^{2r})$ 的定义, 对于固定的 n, x, λ, 可以挑选 $g = g_{n,x,\lambda}$, 使得

$$
\|f-g\|_p + \left(\frac{\delta_n^{1-\lambda}(x)}{\sqrt{n}}\right)^{2r}\|\varphi^{2r\lambda}g^{(2r)}\|_p + \left(\frac{\delta_n^{1-\lambda}(x)}{\sqrt{n}}\right)^{\frac{2r}{1-\lambda/2}}\|g^{(2r)}\|_p
$$

$$
\leqslant 2\overline{K}_{\varphi^\lambda}\left(f, \left(\frac{\delta_n^{1-\lambda}(x)}{\sqrt{n}}\right)^{2r}\right)_p. \qquad (7.1.8)
$$

由 Taylor 展式,

$$
g(t) = g(x) + g'(x)(x-t) + \cdots + \frac{g^{(2r-1)}(x)}{(2r-1)!}(x-t)^{2r-1} + R_{2r}(g,t,x), \qquad (7.1.9)
$$

其中 $R_{2r}(g,t,x) = \dfrac{1}{(2r-1)!}\displaystyle\int_x^t (t-u)^{2r-1}g^{(2r)}(u)du$. 再利用 $\|U_n^{(2r-1)}\|_p \leqslant C$, 以

及对于 $h(x) \in \Pi_{2r-1}$, $U_n^{(2r-1)} h(x) = h(x)$, 可得

$$|U_n^{(2r-1)}(f, x) - f(x)|$$
$$\leqslant C(\|f - g\| + |U_n^{(2r-1)}(g, x) - g(x)|)$$
$$\leqslant C(\|f - g\| + |U_n^{(2r-1)}(R_{2r}(g, t, x), x)|)$$
$$=: C(\|f - g\| + S). \tag{7.1.10}$$

由于 $\widetilde{\alpha}_0^n(x) = 1$, 故

$$S \leqslant |U_n(R_{2r}(g, t, x), x)| + \left| \sum_{j=1}^{2r-1} \widetilde{\alpha}_j^n(x)(D^j U_n)(R_{2r}(g, t, x), x) \right|$$
$$=: S_0 + \left| \sum_{j=1}^{2r-1} \widetilde{\alpha}_j^n(x) S_j \right|. \tag{7.1.11}$$

和 [28] 中一样的方法, 可得

$$S_0 \leqslant C\left(\left(\frac{\delta_n^{1-\lambda}(x)}{\sqrt{n}}\right)^{2r} \|\varphi^{2r\lambda} g^{(2r)}\| + \left(\frac{\delta_n^{1-\lambda}(x)}{\sqrt{n}}\right)^{\frac{2r}{1-\lambda/2}} \|g^{(2r)}\| \right). \tag{7.1.12}$$

以下分两种情况估计 S_j, 情形 I: $x \in E_n^c$ 时以及情形 II: $x \in E_n$ 时.

情形 I 由 [18] 中的 (9.4.4), 有

$$U_{n,j}(f, x) = n^j \sum_{k=0}^{\infty} s_{n,k}(x) \Delta^j a_k(n). \tag{7.1.13}$$

从 [18, p141] 对于介于 t 和 x 之间的 u, 有

$$\frac{|t - u|^{2r-1}}{\delta_n^{2r}(u)} \leqslant \frac{|t - x|^{2r-1}}{\delta_n^{2r}(x)}. \tag{7.1.14}$$

对于 $x \in E_n^c, \delta_n(x) \sim \dfrac{1}{\sqrt{n}}$, 由 (7.1.13) 和 (7.1.14), 有

$$|S_j| = |(D^j U_n)(R_{2r}(g, t, x), x)| = |U_{n,j}(R_r(g, t, x), x)|$$

$$\leqslant n^j \sum_{k=0}^{\infty} s_{n,k}(x) \sum_{i=0}^{j} n \left| \int_{\frac{k+i}{n}}^{\frac{k+i+1}{n}} \int_x^t (t - u)^{2r-1} g^{(2r)}(u) du dt \right|$$

$$\leqslant n^j \delta_n^{-2r\lambda}(x) \|\delta_n^{2r\lambda} g^{(2r)}\| \sum_{k=0}^{\infty} s_{n,k}(x) \sum_{i=0}^{j} n \int_{\frac{k+i}{n}}^{\frac{k+i+1}{n}} (t - x)^{2r} dt$$

$$\leqslant n^j \delta_n^{-2r\lambda}(x) \left\| \delta_n^{2r\lambda} g^{(2r)} \right\| \sum_{k=0}^{\infty} s_{n,k}(x) \sum_{i=0}^{j} \max \left\{ \left(\frac{k+i+1}{n} - x \right)^{2r}, \left(\frac{k+i}{n} - x \right)^{2r} \right\}$$

$$\leqslant Cn^j \delta_n^{-2r\lambda}(x) \left\| \delta_n^{2r\lambda} g^{(2r)} \right\| \sum_{i=0}^{j} \sum_{k=0}^{\infty} s_{n,k}(x) \left(\left(\frac{k}{n} - x \right)^{2r} + n^{-2r} \right),$$

根据 [18, (9.5.10)], 对于 $x \in E_n^c$, 有 $\sum\limits_{k=0}^{\infty} s_{n,k}(x) \left| \frac{k}{n} - x \right|^{2r} \leqslant Cn^{-2r}$, 所以

$$|S_j| \leqslant Cn^j \left(\frac{\delta_n^{1-\lambda}(x)}{\sqrt{n}} \right)^{2r} \left\| \delta_n^{2r\lambda} g^{(2r)} \right\|.$$

利用引理 7.1.1 即对于 $x \in E_n^c, |\widetilde{\alpha}_j^n(x)| \leqslant Cn^{-j}$, 以及 $\delta_n(x) \sim \dfrac{1}{\sqrt{n}}$, 有

$$\left| \sum_{j=1}^{2r-1} \widetilde{\alpha}_j^n(x) S_j \right| \leqslant C \left(\frac{\delta_n^{1-\lambda}(x)}{\sqrt{n}} \right)^{2r} \left\| \varphi^{2r\lambda} g^{(2r)} \right\| + \left(\frac{\delta_n^{1-\lambda}(x)}{\sqrt{n}} \right)^{\frac{2r}{1-\lambda/2}} \left\| g^{(2r)} \right\|. \quad (7.1.15)$$

情形 II 对于 $x \in E_n, \delta_n(x) \sim \varphi(x)$ 有 (参见 [18, §9.4],[80, (22)])

$$|D^j s_{n,k}(x)| \leqslant C \sum_{i=0}^{j} \left(\frac{\sqrt{n}}{\varphi(x)} \right)^{j+i} \left| \frac{k}{n} - x \right|^i s_{n,k}(x). \quad (7.1.16)$$

由 [18, (9.4.14)], 对于 $x \in E_n$, 有

$$S_n((t-x)^{2r}, x) \leqslant Cn^{-r}\varphi^{2r}(x), \quad U_n((t-x)^{2r}, x) \leqslant Cn^{-r}\varphi^{2r}(x). \quad (7.1.17)$$

对于 (7.1.11) 中的 S_j 用 (7.1.14), (7.1.17), 有

$$|S_j| = |U_{n,j}(R_r(g,t,x),x)|$$

$$= \left| \sum_{k=0}^{\infty} (D^j s_{n,k}(x)) \frac{n}{(2r-1)!} \int_{\frac{k}{n}}^{\frac{k+1}{n}} \int_{x}^{t} (t-u)^{2r-1} g^{(2r)}(u) du dt \right|$$

$$\leqslant C \left\| \varphi^{2r\lambda} g^{(2r)} \right\| \sum_{i=0}^{j} \left(\frac{\sqrt{n}}{\varphi(x)} \right)^{j+i} \left| \sum_{k=0}^{\infty} s_{n,k}(x) \left| \frac{k}{n} - x \right|^i \varphi^{-2r\lambda}(x) n \int_{\frac{k}{n}}^{\frac{k+1}{n}} (t-x)^{2r} dt \right|$$

$$\leqslant C \left\| \varphi^{2r\lambda} g^{(2r)} \right\| \varphi^{-2r\lambda}(x) \sum_{i=0}^{j} \left(\frac{\sqrt{n}}{\varphi(x)} \right)^{j+i}$$

$$\times \left(\sum_{k=0}^{\infty} s_{n,k}(x) \left| \frac{k}{n} - x \right|^{2i} \right)^{\frac{1}{2}} \left(\sum_{k=0}^{\infty} s_{n,k}(x) \left(n \int_{\frac{k}{n}}^{\frac{k+1}{n}} (t-x)^{2r} dt \right)^2 \right)^{\frac{1}{2}}$$

$$\leqslant C \left\| \varphi^{2r\lambda} g^{(2r)} \right\| \varphi^{-2r\lambda}(x) \sum_{i=0}^{j} \left(\frac{\sqrt{n}}{\varphi(x)} \right)^{j+i} n^{-\frac{i}{2}} \varphi^i(x)$$

$$\times \left(\sum_{k=0}^{\infty} s_{n,k}(x) n \int_{\frac{k}{n}}^{\frac{k+1}{n}} (t-x)^{4r} dt \right)^{\frac{1}{2}}$$

$$\leqslant C \left\| \varphi^{2r\lambda} g^{(2r)} \right\| \varphi^{-j}(x) \varphi^{2r(1-\lambda)}(x) n^{-r+\frac{j}{2}}.$$

结合引理 7.1.1, 对于 $x \in E_n$, 可得

$$\left| \sum_{j=1}^{2r-1} \widetilde{\alpha}_j^n(x) S_j \right| \leqslant C \sum_{j=1}^{2r-1} n^{-\frac{j}{2}} \varphi^j(x) \| \varphi^{2r\lambda} g^{(2r)} \| \varphi^{-j}(x) \varphi^{2r(1-\lambda)}(x) n^{-r+\frac{j}{2}}$$

$$\leqslant C \left(\frac{\delta_n^{1-\lambda}(x)}{\sqrt{n}} \right)^{2r} \| \varphi^{2r\lambda} g^{(2r)} \|. \tag{7.1.18}$$

由 (7.1.8)–(7.1.12), (7.1.15), (7.1.18) 以及 $\overline{K}_{\varphi^\lambda}(f, t^{2r})$ 与 $\omega_{\varphi^\lambda}^{2r}(f, t)$ 的等价性, 证得 (7.1.6).

现在来证明 (7.1.7). 由 Riesz-Thorin 定理可知只需要证明在两种特殊情况下, 即当 $p = 1$ 和 $p = \infty$ 时不等式成立即可. 对于 $p = \infty$ 这种情况, 实际上就是 (7.1.6) 中 $\lambda = 1$ 的情形. 所以只证明当 $p = 1$ 时的情形.

对于 $g \in W_p^{2r}(\varphi, I)$, 和 (7.1.9)–(7.1.11) 相似, 有

$$\| U_n^{(2r-1)}(f, x) - f(x) \|_1 \leqslant C \left(\| f - g \|_1 + \| S_0 \|_1 + \left\| \sum_{j=1}^{2r-1} \widetilde{\alpha}_j^n(x) S_j \right\|_1 \right). \tag{7.1.19}$$

在这里首先得到 (参见 [18, §9.6])

$$\| S_0 \|_1 \leqslant C(n^{-r} \| \varphi^{2r} g^{(2r)} \|_1). \tag{7.1.20}$$

其次为了估计 S_j, 分两种情况: $x \in E_n^c$, $x \in E_n$.

情形 I 对于 $x \in E_n^c$, 由 [18, (9.5.11)], 知道 $|S_n((t-x)^{2r-1}, x)| \leqslant Cn^{-2r+1}$. 所以结合 (7.1.13), (7.1.14), 有

$$|S_j| = |U_{n,j}(R_{2r}(g, t, x), x)|$$

$$\leqslant \left| n^j \sum_{k=0}^{\infty} s_{n,k}(x) \sum_{i=0}^{j} n \int_{\frac{k+i}{n}}^{\frac{k+i+1}{n}} \int_x^t (t-u)^{2r-1} g^{(2r)}(u) du dt \right|$$

$$\leqslant n^j \sum_{k=0}^{\infty} s_{n,k}(x) \sum_{i=0}^{j} n \int_{\frac{k+i}{n}}^{\frac{k+i+1}{n}} \delta_n^{-2r}(x) |t-x|^{2r-1} \left| \int_x^t \delta_n^{2r}(u) g^{(2r)}(u) du \right| dt$$

$$\leqslant Cn^j \delta_n^{-2r}(x) \sum_{k=0}^{\infty} s_{n,k}(x) \left(\left| \frac{k}{n} - x \right|^{2r-1} + n^{-2r+1} \right) \int_0^1 |\delta_n^{2r}(u) g^{(2r)}(u)| du$$

$$\leqslant Cn^j n^r n^{-2r+1} \| \delta_n^{2r} g^{(2r)} \|_1 \leqslant Cn^{j-r+1} \| \delta_n^{2r} g^{(2r)} \|_1.$$

这样, 由引理 7.1.1 并取 $L_1(E_n^c)$ 范数, 可得

$$\int_{E_n^c} \left| \sum_{j=1}^{2r-1} \widetilde{\alpha}_j^n(x) S_j \right| dx$$

$$\leqslant C \|\delta_n^{2r} g^{(2r)}\|_1 \int_{E_n^c} \sum_{j=1}^{2r-1} n^{-j} n^{j-r+1} dx$$

$$\leqslant C n^{-r+1} \|\delta_n^{2r} g^{(2r)}\|_1 \int_{E_n^c} dx$$

$$\leqslant C \left(n^{-r} \|\varphi^{2r} g^{(2r)}\|_1 + n^{-2r} \|g^{(2r)}\|_1 \right). \tag{7.1.21}$$

情形 II　对于 $x \in E_n, \delta_n(x) \sim \varphi(x)$, 由 (7.1.14), (7.1.16), 有

$$|S_j| = |U_{n,j}(R_{2r}(g,t,x),x)|$$

$$\leqslant C \sum_{i=0}^{j} \left(\frac{\sqrt{n}}{\varphi(x)} \right)^{j+i} \sum_{k=0}^{\infty} \left| \frac{k}{n} - x \right|^i s_{n,k}(x) n \left| \int_{\frac{k}{n}}^{\frac{k+1}{n}} \int_{x}^{t} (t-u)^{2r-1} g^{(2r)}(u) du dt \right|$$

$$\leqslant C \sum_{i=0}^{j} \left(\frac{\sqrt{n}}{\varphi(x)} \right)^{j+i} \sum_{k=0}^{\infty} \left| \frac{k}{n} - x \right|^i s_{n,k}(x) \varphi^{-2r}(x) n$$

$$\times \int_{\frac{k}{n}}^{\frac{k+1}{n}} |t-x|^{2r-1} \left| \int_{x}^{t} \varphi^{2r}(u) |g^{(2r)}(u)| du \right| dt.$$

下面一步仿照 [18, p146–148] 的证明过程. 让 k^* 表示 k 或者 $k+1$, 使得

$$\left| \int_{x}^{\frac{k^*}{n}} \varphi^{2r}(u) |g^{(2r)}(u)| du \right| = \max_{j=k,k+1} \left| \int_{x}^{\frac{j}{n}} \varphi^{2r}(u) |g^{(2r)}(u)| du \right|.$$

记

$$D(l,n,x) =: \left\{ k : l\varphi(x) n^{-\frac{1}{2}} \leqslant \left| \frac{k}{n} - x \right| < (l+1)\varphi(x) n^{-\frac{1}{2}} \right\}.$$

利用 $n \int_{\frac{k}{n}}^{\frac{k+1}{n}} |t-x|^{2r-1} dt \leqslant C \left(\left| \frac{k}{n} - x \right|^{2r-1} + n^{-2r+1} \right)$, 有

$$\int_{E_n} \left| \sum_{j=1}^{2r-1} \widetilde{\alpha}_j^n(x) S_j \right| dx$$

$$\leqslant C \int_{E_n} \sum_{j=1}^{2r-1} n^{-\frac{j}{2}} \varphi^j(x) \sum_{i=0}^{j} \left(\frac{\sqrt{n}}{\varphi(x)} \right)^{j+i} \sum_{k=0}^{\infty} \left| \frac{k}{n} - x \right|^i s_{n,k}(x) \varphi^{-2r}(x)$$

$$\times \left(\left| \frac{k}{n} - x \right|^{2r-1} + n^{-2r+1} \right) \left| \int_{x}^{\frac{k^*}{n}} \varphi^{2r}(u) |g^{(2r)}(u)| du \right| dx$$

$$
\leqslant C \int_{E_n} \sum_{j=1}^{2r-1} \sum_{i=0}^{j} \left(\frac{\sqrt{n}}{\varphi(x)} \right)^i \varphi^{-2r}(x) \sum_{l=0}^{\infty} \sum_{k \in D(l,n,x)} s_{n,k}(x)
$$

$$
\times \left(\left| \frac{k}{n} - x \right|^{2r-1+i} + n^{-2r+1} \left| \frac{k}{n} - x \right|^i \right) \left| \int_x^{\frac{k^*}{n}} \varphi^{2r}(u) |g^{(2r)}(u)| du \right| dx.
$$

记

$$
F(l,x) = \left\{ u : |u - x| \leqslant (l+1)\varphi(x)n^{-\frac{1}{2}} + \frac{1}{n} \right\},
$$

$$
G(l,u) = \{ x : x \in E_n, u \in F(l,x) \}.
$$

对于 $x \in E_n$, 有 (参见 [18, p146])

$$
\sum_{k \in D(l,n,x)} s_{n,k}(x) \left(\left| \frac{k}{n} - x \right|^{2r-1+i} + n^{-2r+1} \left| \frac{k}{n} - x \right|^i \right) \leqslant C \frac{1}{(l+1)^4} (\varphi(x)n^{-\frac{1}{2}})^{2r-1+i}.
$$

这样就可得到

$$
\int_{E_n} \left| \sum_{j=1}^{2r-1} \widetilde{\alpha}_j^n(x) S_j \right| dx
$$

$$
\leqslant C \int_{E_n} \sum_{j=1}^{2r-1} \sum_{i=0}^{j} \left(\frac{\sqrt{n}}{\varphi(x)} \right)^i \sum_{l=0}^{\infty} \frac{1}{(l+1)^4} (\varphi(x)n^{-\frac{1}{2}})^{2r-1+i} \varphi^{-2r}(x)
$$

$$
\times \int_{F(l,x)} \varphi^{2r}(u) |g^{(2r)}(u)| du dx
$$

$$
\leqslant C n^{-r} \sum_{j=1}^{2r-1} \sum_{i=0}^{j} \sum_{l=0}^{\infty} \frac{1}{(l+1)^4} \int_{E_n} n^{\frac{1}{2}} \varphi^{-1}(x) \int_{F(l,x)} \varphi^{2r}(u) |g^{(2r)}(u)| du dx
$$

$$
\leqslant C n^{-r} \sum_{j=1}^{2r-1} \sum_{i=0}^{j} \sum_{l=0}^{\infty} \frac{1}{(l+1)^4} \int_0^1 \varphi^{2r}(u) |g^{(2r)}(u)| n^{\frac{1}{2}} \left(\int_{G(l,u)} \varphi^{-1}(x) dx \right) du.
$$

依据 [18, p147–148] 的证明过程, 可得

$$
\int_{E_n} \left| \sum_{j=1}^{2r-1} \widetilde{\alpha}_j^n(x) S_j \right| dx \leqslant C n^{-r} \|\varphi^{2r} g^{(2r)}\|_1. \tag{7.1.22}
$$

这样由 (7.1.19)–(7.1.22), 知道 (7.1.7) 对于 $p = 1$ 是成立的. 所以完成了 (7.1.7) 的证明, 于是定理 7.1.3 得证. □

7.2　逆　定　理

先证明以下的引理.

引理 7.2.1　对于 $n \geqslant 4r, r \in N, f \in L_p(I)(1 \leqslant p \leqslant \infty), I = [0, \infty)$, 有

$$\|\varphi^{2r}(x)D^{2r}U_n^{(2r-1)}(f,x)\|_p \leqslant Cn^r\|f\|_p. \tag{7.2.1}$$

对于 $n \geqslant 4r, r \in N, 0 \leqslant \lambda \leqslant 1, f \in C_B[0,\infty)$, 有

$$|\varphi^{2r\lambda}(x)D^{2r}U_n^{(2r-1)}(f,x)| \leqslant Cn^r\delta_n^{2r(\lambda-1)}(x)\|f\|. \tag{7.2.2}$$

证明　首先证 (7.2.1).

$$\|\varphi^{2r}(x)D^{2r}U_n^{(2r-1)}(f,x)\|_p$$

$$= \left\|\varphi^{2r}(x)D^{2r}\left(\sum_{j=0}^{2r-1}\widetilde{\alpha}_j^n(x)U_{n,j}(f,x)\right)\right\|_p$$

$$\leqslant \|\varphi^{2r}(x)U_{n,2r}f\|_p + \left\|\varphi^{2r}(x)D^{2r}\sum_{j=1}^{2r-1}\widetilde{\alpha}_j^n(x)U_{n,j}(f,x)\right\|_p$$

$$= \|I_1\|_p + \|I_2\|_p. \tag{7.2.3}$$

由 [18, (9.3.5)], 有

$$\|I_1\|_p \leqslant Cn^r\|f\|_p. \tag{7.2.4}$$

(1) 对于 $x \in E_n$, 由 [18, (9.4.15)], 有

$$\int_{E_n}\varphi^{-2m}(x)s_{n,k}(x)\left(\frac{k}{n}-x\right)^{2m}dx \leqslant Cn^{-m-1}.$$

利用 Hölder 不等式以及 (7.1.16), 注意到 $\int_0^1 s_{n,k}(x)dx \sim n^{-1}$, $\widetilde{\alpha}_j^n \in \Pi_j$, 对于 $p = 1$, 有

$$\|I_2\|_{L_1(E_n)} = \left\|\varphi^{2r}(x)\sum_{j=1}^{2r-1}\sum_{i=0}^{j}\binom{2r}{i}D^i\widetilde{\alpha}_j^n(x)U_{n,2r+j-i}(f,x)\right\|_{L_1(E_n)}$$

$$\leqslant C\left\|\varphi^{2r}(x)\sum_{j=1}^{2r-1}\sum_{i=0}^{j}n^{\frac{-j+i}{2}}\varphi^{j-i}(x)\sum_{l=0}^{2r+j-i}\left(\frac{\sqrt{n}}{\varphi(x)}\right)^{2r+j-i+l}\right.$$

$$\left.\cdot\sum_{k=0}^{\infty}s_{n,k}(x)\left|\frac{k}{n}-x\right|^l|a_k(n)|\right\|_{L_1(E_n)}$$

$$\leqslant Cn^r\left\|\sum_{j=1}^{2r-1}\sum_{i=0}^{j}\sum_{l=0}^{2r+j-i}\left(\frac{\sqrt{n}}{\varphi(x)}\right)^l\sum_{k=0}^{\infty}s_{n,k}(x)\left|\frac{k}{n}-x\right|^l|a_k(n)|\right\|_{L_1(E_n)}$$

$$\leqslant Cn^r\sum_{j=1}^{2r-1}\sum_{i=0}^{j}\sum_{l=0}^{2r+j-i}\sum_{k=0}^{\infty}\int_{E_n}\left(\left(\frac{\sqrt{n}}{\varphi(x)}\right)^l s_{n,k}(x)\left|\frac{k}{n}-x\right|^l|a_k(n)|\right)dx$$

$$
\leqslant Cn^r \sum_{j=1}^{2r-1} \sum_{i=0}^{j} \sum_{l=0}^{2r+j-i} \sum_{k=0}^{\infty} (\sqrt{n})^l \left(\int_{E_n} s_{n,k}(x) dx \right)^{\frac{1}{2}}
$$

$$
\times \left(\int_{E_n} s_{n,k}(x) \varphi^{-2l}(x) \left| \frac{k}{n} - x \right|^{2l} dx \right)^{\frac{1}{2}} |a_k(n)|
$$

$$
\leqslant Cn^r \sum_{j=1}^{2r-1} \sum_{i=0}^{j} \sum_{l=0}^{2r+j-i} n^{\frac{l-1}{2}} n^{\frac{-l-1}{2}} \sum_{k=0}^{\infty} (n+1) \int_{\frac{k}{n+1}}^{\frac{k+1}{n+1}} |f(u)| du
$$

$$
\leqslant Cn^r \|f\|_1. \tag{7.2.5}
$$

对于 $p=\infty$, 由 (7.1.16), 并注意到 $|a_k(n)| \leqslant C\|f\|$, $\sum_{k=0}^{n} s_{n,k} \left| \frac{k}{n} - x \right|^l \leqslant Cn^{-\frac{l}{2}} \varphi^l(x)$, 有

$$
|I_2| = \left| \sum_{j=1}^{2r-1} \varphi^{2r}(x) \sum_{i=0}^{j} \binom{2r}{i} D^i(\widetilde{\alpha}_j^n(x)) U_{n,2r+j-i}(f,x) \right|
$$

$$
\leqslant C \sum_{j=1}^{2r-1} \varphi^{2r}(x) \sum_{i=0}^{j} \binom{2r}{i} n^{\frac{-j+i}{2}} \varphi^{j-i}(x)
$$

$$
\cdot \sum_{l=0}^{2r+j-i} \left(\frac{\sqrt{n}}{\varphi(x)} \right)^{2r+j-i+l} \sum_{k=0}^{\infty} s_{n,k}(x) \left| \frac{k}{n} - x \right|^l |a_k(n)|
$$

$$
\leqslant Cn^r \|f\|. \tag{7.2.6}
$$

这样由 Riesz-Thorin 定理, 对于 $x \in E_n$, (7.2.1) 是成立的.

(2) 对于 $x \in E_n^c$, 由 (7.1.13) 有

$$
U_{n,2r+j-i}(f,x) = n^{2r+j-i} \sum_{k=0}^{\infty} s_{n,k}(x) \Delta^{2r+j-i} a_k(n). \tag{7.2.7}
$$

由引理 7.1.1, 从 $\|\varphi^{2r}(x)\|_{L_p(E_n^c)} \leqslant n^{-r}$, [18, p125, (9.4.2)] 以及

$$
\left(\sum_{k=0}^{\infty} \left| n \int_{\frac{k+l}{n}}^{\frac{k+l+1}{n}} f(u) du \right|^p \right)^{\frac{1}{p}} \leqslant n^{\frac{1}{p}} \|f\|_{L_p} \quad (0 \leqslant l < \infty),
$$

有

$$
\|I_2\|_{L_p(E_n^c)}
$$

$$
= \left\| \varphi^{2r}(x) \sum_{j=1}^{2r-1} \sum_{i=0}^{j} \binom{2r}{i} D^i \widetilde{\alpha}_j^n(x) U_{n,2r+j-i}(f,x) \right\|_{L_p(E_n^c)}
$$

$$\leqslant C \sum_{j=1}^{2r-1} \sum_{i=0}^{j} \binom{2r}{i} n^{-j+i} n^{2r+j-i} n^{-r} \left\| \sum_{k=0}^{\infty} s_{n,k}(x) \Delta^{2r-j+i} a_k(n) \right\|_{L_p(E_n^c)}$$

$$\leqslant C n^r \|f\|_{L_p(I)}. \tag{7.2.8}$$

由 (7.2.3)–(7.2.8) 有 (7.2.1).

为了证明 (7.2.2) 分以下两种情形来证明.

情形 I　$x \in E_n$. 由 (7.2.1), 有

$$|\varphi^{2r\lambda}(x) D^{2r} U_n^{(2r-1)}(f, x)|$$
$$= |\varphi^{2r(\lambda-1)}(x) \varphi^{2r}(x) D^{2r} U_n^{(2r-1)}(f, x)|$$
$$\leqslant C n^r \varphi^{2r(\lambda-1)}(x) \|f\|$$
$$\leqslant C n^r \delta_n^{2r(\lambda-1)}(x) \|f\|.$$

情形 II　$x \in E_n^c$. 由引理 7.1.1, $\|\varphi^{2r\lambda}(x)\|_{E_n^c} \leqslant n^{-r\lambda}$ 以及 (7.2.8) 的证明过程可得

$$|\varphi^{2r\lambda}(x) D^{2r} U_n^{(2r-1)}(f, x)|$$
$$= \left| \varphi^{2r\lambda}(x) D^{2r} \left(\sum_{j=0}^{2r-1} \widetilde{\alpha}_j^n(x) U_{n,j}(f, x) \right) \right|$$
$$\leqslant |\varphi^{2r\lambda}(x) U_{n,2r}(f, x)| + \left| \sum_{j=1}^{2r-1} \varphi^{2r\lambda}(x) \sum_{i=0}^{j} \binom{2r}{i} D^i(\widetilde{\alpha}_j^n(x)) U_{n,2r+j-i}(f, x) \right|$$
$$\leqslant C n^r \delta_n^{2r(\lambda-1)}(x) \|f\| + C n^{-r\lambda} \sum_{i=0}^{j} \binom{2r}{i} n^{-j+i} n^{2r+j-i} \|f\|$$
$$\leqslant C n^r \delta_n^{2r(\lambda-1)}(x) \|f\|.$$

这样就证明了 (7.2.2). 于是证明了引理.　　　　　　　　　　　　　　　　□

引理 7.2.2　对于 $n \geqslant 4r, r \in N, f \in W_p^{2r}(\varphi, I), I = [0, \infty), 1 \leqslant p \leqslant \infty$, 有

$$\|\varphi^{2r}(x) D^{2r} U_n^{(2r-1)}(f, x)\|_p \leqslant C \|\varphi^{2r} f^{(2r)}\|_p. \tag{7.2.9}$$

对于 $n \geqslant 4r, r \in N, 0 \leqslant \lambda \leqslant 1, f \in W_\infty^{2r}(\varphi^\lambda, [0, \infty))$, 有

$$|\varphi^{2r\lambda}(x) D^{2r} U_n^{(2r-1)}(f, x)| \leqslant C \|\varphi^{2r\lambda} f^{(2r)}\|. \tag{7.2.10}$$

证明　首先证明 (7.2.9). 对于 $p = 1$ 有

$$\|\varphi^{2r}(x)D^{2r}U_n^{(2r-1)}(f,x)\|_1$$

$$= \left\| \varphi^{2r} D^{2r} \left(\sum_{j=0}^{2r-1} \widetilde{\alpha}_j^n(x) U_{n,j}(f,x) \right) \right\|_1$$

$$\leqslant \|\varphi^{2r}(x)U_{n,2r}(f,x)\|_1 + \left\| \sum_{j=1}^{2r-1} \varphi^{2r}(x) \sum_{i=0}^{j} \binom{2r}{i} D^i(\widetilde{\alpha}_j^n(x)) U_{n,2r+j-i}(f,x) \right\|_1$$

$$=: \|\varphi^{2r}(x)U_{n,2r}(f,x)\|_1 + \|J\|_1.$$

从 [18, §9.7], 有

$$\|\varphi^{2r}(x)U_{n,2r}(f,x)\|_1 \leqslant C\|\varphi^{2r}f^{(2r)}\|_1.$$

现在估计 $|J|$. 记 $(k)_r = k(k+1)\cdots(k+r-1)$.

(1) 对于 $x \in E_n^c$, 由 (7.1.13), 引理 7.1.1, 并且注意到

$$\varphi^{2r}(x)s_{n,k}(x) = n^{-r}(k+1)_r s_{n,k+r}(x),$$

于是有

$$|J|$$

$$= \left| \varphi^{2r}(x) \sum_{j=1}^{2r-1} \sum_{i=0}^{j} \binom{2r}{i} D^i(\widetilde{\alpha}_j^n(x)) U_{n,2r+j-i}(f,x) \right|$$

$$\leqslant C \left| \sum_{j=1}^{2r-1} \sum_{i=0}^{j} \binom{2r}{i} n^{-j+i} n^{2r+j-i} \varphi^{2r}(x) \sum_{k=0}^{\infty} s_{n,k}(x) \sum_{l=0}^{j-i} (-1)^{j-i-l} \binom{2r}{i} \Delta^{2r} a_{k+l}(n) \right|$$

$$\leqslant C \sum_{j=1}^{2r-1} \sum_{i=0}^{j} \binom{2r}{i} n^{2r} \left| \sum_{k=0}^{\infty} s_{n,k+r}(x)(k+1)_r n^{-r} \sum_{l=0}^{j-i} (-1)^{j-i-l} \binom{2r}{i} \Delta^{2r} a_{k+l}(n) \right|$$

$$\leqslant C \sum_{j=1}^{2r-1} \sum_{i=0}^{j} \left\{ n^{2r} \left| \sum_{k=0}^{\infty} s_{n,k+r}(x)(k+1)_r n^{-r} \Delta^{2r} a_k(n) \right| \right.$$

$$\left. + n^{2r} \left| \sum_{k=0}^{\infty} s_{n,k+r}(x)(k+1)_r n^{-r} \sum_{l=1}^{j-i} \Delta^{2r} a_{k+l}(n) \right| \right\}$$

$$=: C \sum_{j=1}^{2r-1} \sum_{i=0}^{j} \{J_1 + J_2\}.$$

显然地,

$$J_1 \leqslant C \left(n^r s_{n,r}(x)|\Delta^{2r} a_0(n)| + n^{2r} \sum_{k=1}^{\infty} s_{n,k+r}(x) \left(\frac{k}{n} \right)^r |\Delta^{2r} a_k(n)| \right),$$

下一步参考 [18, p154]. 对于 $k = 0$, 有

$$\Delta^{2r} a_0(n) \leqslant C \int_0^{\frac{2r+1}{n}} u^{2r-1} |f^{(2r)}(u)| du \leqslant C n^{-r+1} \int_0^{\frac{2r+1}{n}} \varphi^{2r}(u) |f^{(2r)}(u)| du.$$

对于 $0 < k < \infty$, 有 (参见 [18, p154-155])

$$\left(\frac{k}{n}\right)^r \Delta^{2r} a_k(n) \leqslant C n^{-2r+1} \int_{\frac{k}{n}}^{\frac{k+2r+1}{n}} u^r |f^{(2r)}(u)| du.$$

所以

$$\int_{E_n^c} J_1 dx$$

$$\leqslant C \int_{E_n^c} \sum_{k=0}^{\infty} s_{n,k+r}(x) n \int_{\frac{k}{n}}^{\frac{k+2r+1}{n}} \varphi^{2r}(u) |f^{(2r)}(u)| du dx$$

$$\leqslant C \int_0^1 \sum_{k=0}^{\infty} s_{n,k+r}(x) n \int_{\frac{k}{n}}^{\frac{k+2r+1}{n}} \varphi^{2r}(u) |f^{(2r)}(u)| du dx$$

$$\leqslant C \sum_{k=0}^{\infty} \int_{\frac{k}{n}}^{\frac{k+2r+1}{n}} \varphi^{2r}(u) |f^{(2r)}(u)| du$$

$$\leqslant C \|\varphi^{2r} f^{(2r)}\|_1. \tag{7.2.11}$$

和 (7.2.11) 的证明相似, 有

$$\int_{E_n^c} J_2 dx \leqslant C \|\varphi^{2r} f^{(2r)}\|_1. \tag{7.2.12}$$

由 (7.2.11) 和 (7.2.12) 有

$$\int_{E_n^c} |J| dx \leqslant C \|\varphi^{2r} f^{(2r)}\|_1.$$

(2) 对于 $x \in E_n$, 由 [18, (9.7.6)]

$$|\varphi^{2r}(x) n^{2r} s_{n,k}(x) \Delta^{2r} a_k(n)| \leqslant C n s_{n,k+r}(x) \int_{\frac{k+1}{n}}^{\frac{k+2r+1}{n}} \varphi^{2r}(u) |f^{(2r)}(u)| du \tag{7.2.13}$$

和 (7.1.13), (7.1.16) 以及利用 $U_{n,2r+j-i}(f,x) = D^{j-i} n^{2r} \sum_{k=0}^{\infty} s_{n,k}(x) \Delta^{2r} a_k(n)$, 可得

$$|J| \leqslant C \sum_{j=1}^{2r-1} \sum_{i=0}^{2r} \binom{2r}{i} \varphi^{j-i}(x) n^{\frac{-j+i}{2}} \varphi^{2r}(x) n^{2r} \sum_{l=0}^{j-i} \left(\frac{\sqrt{n}}{\varphi(x)}\right)^{j-i+l}$$

$$\times \sum_{k=0}^{\infty} s_{n,k}(x) \left|\frac{k}{n} - x\right|^l |\Delta^{2r} a_k(n)|$$

$$\leqslant C \sum_{j=1}^{2r-1} \sum_{i=0}^{2r} \sum_{l=0}^{j-i} \left(\frac{\sqrt{n}}{\varphi(x)}\right)^l \sum_{k=0}^{\infty} \varphi^{2r}(x) n^{2r} s_{n,k}(x) \left|\frac{k}{n} - x\right|^l \left|\Delta^{2r} a_k(n)\right|$$

$$\leqslant C \sum_{j=1}^{2r-1} \sum_{i=0}^{2r} \sum_{l=0}^{j-i} \left(\frac{\sqrt{n}}{\varphi(x)}\right)^l n \sum_{k=0}^{\infty} s_{n,k+r}(x) \left|\frac{k}{n} - x\right|^l \int_{\frac{k+1}{n}}^{\frac{k+2r+1}{n}} \varphi^{2r}(u)|f^{(2r)}(u)|du,$$

从 [18, (9.4.15)], 以及 $\int_{E_n} \varphi^{-2l}(x) s_{n,k}(x) \left(\frac{k}{n} - x\right)^{2l} dx \leqslant Cn^{-l-1}$, 有

$$\int_{E_n} |J| dx \leqslant C \sum_{j=1}^{2r-1} \sum_{i=0}^{2r} \sum_{l=0}^{j-i} (\sqrt{n})^l n \sum_{k=0}^{\infty} \int_{E_n} \varphi^{-l}(x) s_{n,k+r}(x) \left|\frac{k}{n} - x\right|^l$$

$$\times \int_{\frac{k+1}{n}}^{\frac{k+2r+1}{n}} \varphi^{2r}(u)|f^{(2r)}(u)|dudx$$

$$\leqslant C \sum_{j=1}^{2r-1} \sum_{i=0}^{2r} \sum_{l=0}^{j-i} (\sqrt{n})^l n \sum_{k=0}^{\infty} \left(\int_{E_n} \varphi^{-2l}(x) s_{n,k+r}(x) \left|\frac{k}{n} - x\right|^{2l} dx\right)^{\frac{1}{2}}$$

$$\times \left(\int_{E_n} s_{n,k+r}(x) dx\right)^{\frac{1}{2}} n \int_{\frac{k+1}{n}}^{\frac{k+2r+1}{n}} \varphi^{2r}(u)|f^{(2r)}(u)|du$$

$$\leqslant C\|\varphi^{2r} f^{(2r)}\|_1.$$

这样对于 $p = 1$, (7.2.9) 是成立的. 对于 $p = \infty$ 将在下面证明 (7.2.10) 时一并得到. 事实上, (7.2.9) 中的 $p = \infty$ 情形就是 (7.2.10) 中 $\lambda = 1$ 的情形. 这样在证明了 (7.2.10) 后, 由 Riesz-Thorin 定理可得到 (7.2.9) 的证明.

现在证明 (7.2.10). 首先有

$$|\varphi^{2r\lambda}(x) D^{2r} U_n^{(2r-1)}(f, x)|$$

$$= \left|\varphi^{2r\lambda}(x) D^{2r} \left(\sum_{j=0}^{2r-1} \widetilde{\alpha}_j^n(x) U_{n,j}(f, x)\right)\right|$$

$$\leqslant |\varphi^{2r\lambda}(x) U_{n,2r}(f, x)| + \left|\sum_{j=1}^{2r-1} \varphi^{2r\lambda}(x) \sum_{i=0}^{j} \binom{2r}{i} D^i(\widetilde{\alpha}_j^n(x)) U_{n,2r+j-i}(f, x)\right|$$

$$=: |\varphi^{2r\lambda}(x) U_{n,2r}(f, x)| + |K|, \tag{7.2.14}$$

用 [28] 中的方法, 可以得到

$$|\varphi^{2r\lambda}(x) U_{n,2r}(f, x)| \leqslant C\|\varphi^{2r\lambda} f^{(2r)}\|. \tag{7.2.15}$$

下面估计 $|K|$.

(1) 对于 $x \in E_n^c$, 由 (7.1.13), 有

$$
\begin{aligned}
&|U_{n,2r+j-i}(f,x)| \\
&= \left| n^{2r+j-i} \sum_{k=0}^{\infty} s_{n,k}(x) \sum_{l=0}^{j-i} (-1)^{j-i-l} \binom{j-i}{l} \Delta^{2r} a_{k+l}(n) \right| \\
&\leqslant Cn^{2r+j-i} \left(\sum_{k=0}^{\infty} s_{n,k}(x)|\Delta^{2r} a_k(n)| + \sum_{k=0}^{\infty} s_{n,k}(x) \left| \Delta^{2r} \sum_{l=1}^{j-i} a_{k+l}(n) \right| \right) \\
&=: Cn^{2r+j-i}(K_1 + K_2),
\end{aligned}
\tag{7.2.16}
$$

参考 [18, p154-155]

$$
|\Delta^{2r} a_k(n)| \leqslant C
\begin{cases}
n^{-r+1} \displaystyle\int_0^{\frac{2r+1}{n}} u^r |f^{(2r)}(u)| du, & k = 0, \\[2mm]
n^{-2r+1} \displaystyle\int_{\frac{k}{n}}^{\frac{k+2r+1}{n}} |f^{(2r)}(u)| du, & k = 1, 2, \cdots
\end{cases}
$$

$$
\leqslant C
\begin{cases}
n^{-r} \|\varphi^{2r\lambda} f^{(2r)}\| n^{-r(1-\lambda)}, & k = 0, \\[2mm]
n^{-2r} \|\varphi^{2r\lambda} f^{(2r)}\| \left(\dfrac{k}{n}\right)^{-r\lambda}, & k = 1, 2, \cdots.
\end{cases}
$$

对于 $\lambda = 0$, 有 $|\Delta^{2r} a_k(n)| \leqslant Cn^{-2r}\|f^{(2r)}\|$ ($k = 0, 1, 2, \cdots$). 所以对于 $\lambda = 0$,

$$
K_1 \leqslant C \sum_{k=0}^{\infty} s_{n,k}(x) n^{-2r} \|f^{(2r)}\| \leqslant Cn^{-2r} \|\varphi^{2r\lambda} f^{(2r)}\| (n^{r\lambda} + \varphi^{-2r\lambda}(x)). \tag{7.2.17}
$$

对于 $\lambda \neq 0$,

$$
K_1 \leqslant Cn^{-2r+r\lambda} \|\varphi^{2r\lambda} f^{(2r)}\| + n^{-2r} \|\varphi^{2r\lambda} f^{(2r)}\| \sum_{k=1}^{\infty} s_{n,k}(x) \left(\frac{k}{n}\right)^{-r\lambda}.
$$

易知

$$
\sum_{k=1}^{\infty} \left(\frac{n}{k}\right)^r s_{n,k}(x) = \sum_{k=1}^{\infty} \frac{1}{x^r} s_{n,k+r}(x) \left(\frac{k+1}{k} \cdot \frac{k+2}{k} \cdots \frac{k+r}{k}\right) \leqslant C \frac{1}{x^r}.
$$

故对 $\lambda \neq 0$, 用 Hölder 不等式, 可得

$$
\begin{aligned}
\sum_{k=1}^{\infty} s_{n,k}(x) \left(\frac{k}{n}\right)^{-r\lambda} &\leqslant C \left(\sum_{k=1}^{\infty} s_{n,k}(x) \left(\frac{n}{k}\right)^{r\lambda} \right) \\
&\leqslant C \left(\sum_{k=1}^{\infty} s_{n,k}(x) \left(\frac{n}{k}\right)^r \right)^{\lambda} \leqslant C\varphi^{-2r\lambda}(x).
\end{aligned}
\tag{7.2.18}
$$

于是对 $0 \leqslant \lambda \leqslant 1$,

$$K_1 \leqslant Cn^{-2r}\|\varphi^{2r\lambda}f^{(2r)}\|(n^{r\lambda} + \varphi^{-2r\lambda}(x)). \tag{7.2.19}$$

从 (7.2.19) 的证明中可以看出

$$K_2 \leqslant Cn^{-2r}\|\varphi^{2r\lambda}f^{(2r)}\|\varphi^{-2r\lambda}(x). \tag{7.2.20}$$

对于 $x \in E_n^c$, $|D^i\widetilde{\alpha}_j^n(x)| \leqslant Cn^{-j+i}$, $\varphi^{2r\lambda}(x) \leqslant Cn^{-r\lambda}$. 所以综合 (7.2.14) — (7.2.20), 对于 $x \in E_n^c$, 有

$$|\varphi^{2r\lambda}(x)D^{2r}U_n^{(2r-1)}(f,x)| \leqslant C\|\varphi^{2r\lambda}f^{(2r)}\|. \tag{7.2.21}$$

(2) 对于 $x \in E_n$, 将分别讨论 $\lambda = 1, 0 < \lambda < 1, \lambda = 0$ 三种情况.

(a) 当 $\lambda = 1$ 时, 由 (7.1.13), (7.1.16), (7.2.13) 和 Hölder 不等式, 有

$$|\varphi^{2r}(x)U_{n,2r+j-i}(f,x)| = |\varphi^{2r}(x)(D^{j-i}U_{n,2r})(f,x)|$$
$$\leqslant C\sum_{l=0}^{j-i}\left(\frac{\sqrt{n}}{\varphi(x)}\right)^{l+j-i}\sum_{k=0}^{\infty}\left|\frac{k}{n} - x\right|^l \varphi^{2r}(x)n^{2r}s_{n,k}(x)|\Delta^{2r}a_k(n)|$$
$$\leqslant C\sum_{l=0}^{j-i}\left(\frac{\sqrt{n}}{\varphi(x)}\right)^{l+j-i} n\sum_{k=0}^{\infty}s_{n,k+r}(x)\left|\frac{k}{n} - x\right|^l \int_{\frac{k+1}{n}}^{\frac{k+2r+1}{n}}\varphi^{2r}(u)|f^{(2r)}(u)|du$$
$$\leqslant C\|\varphi^{2r}f^{(2r)}\|\sum_{l=0}^{j-i}\left(\frac{\sqrt{n}}{\varphi(x)}\right)^{l+j-i}\left(\sum_{k=0}^{\infty}\left|\frac{k+r}{n} - x\right|^{2l}s_{n,k+r}(x)\right)^{\frac{1}{2}}$$
$$\leqslant C\|\varphi^{2r}f^{(2r)}\|\left(\frac{\sqrt{n}}{\varphi(x)}\right)^{j-i}. \tag{7.2.22}$$

于是由引理 7.1.1, 对于 $x \in E_n$, $\lambda = 1$, 可得

$$|K| \leqslant C\|\varphi^{2r}f^{(2r)}\|. \tag{7.2.23}$$

(b) 对于 $x \in E_n$, $0 < \lambda < 1$, 由 (7.1.13) 和 (7.1.16), 有

$$|\varphi^{2r\lambda}(x)U_{n,2r+j-i}(f,x)| = |\varphi^{2r\lambda}(x)(D^{j-i}U_{n,2r})(f,x)|$$
$$= \left|\varphi^{2r\lambda}(x)n^{2r}\sum_{k=0}^{\infty}(D^{j-i}s_{n,k}(x))\Delta^{2r}a_k(n)\right|$$
$$\leqslant C\varphi^{2r\lambda}(x)n^{2r}\sum_{k=0}^{\infty}\sum_{l=0}^{j-i}\left(\frac{\sqrt{n}}{\varphi(x)}\right)^{l+j-i}\left|\frac{k}{n} - x\right|^l s_{n,k}(x)|\Delta^{2r}a_k(n)|$$

$$\leqslant C\varphi^{2r\lambda}(x)n^{2r}\sum_{l=0}^{j-i}\left(\frac{\sqrt{n}}{\varphi(x)}\right)^{l+j-i}\left(\sum_{k=0}^{\infty}\left|\frac{k}{n}-x\right|^{\frac{l}{1-\lambda}}s_{n,k}(x)\right)^{1-\lambda}$$

$$\times\left(\sum_{k=0}^{\infty}|\Delta^{2r}a_k(n)|^{\frac{1}{\lambda}}s_{n,k}(x)\right)^{\lambda}$$

$$\leqslant Cn^{2r(1-\lambda)}\sum_{l=0}^{j-i}\left(\frac{\sqrt{n}}{\varphi(x)}\right)^{l+j-i}\left(\sum_{k=0}^{\infty}\left|\frac{k}{n}-x\right|^{\frac{l}{1-\lambda}}s_{n,k}(x)\right)^{1-\lambda}$$

$$\times\left(\sum_{k=0}^{\infty}\varphi^{2r}(x)n^{2r}|\Delta^{2r}a_k(n)|^{\frac{1}{\lambda}}s_{n,k}(x)\right)^{\lambda}$$

$$=:Cn^{2r(1-\lambda)}\sum_{l=0}^{j-i}\left(\frac{\sqrt{n}}{\varphi(x)}\right)^{l+j-i}\cdot\gamma_1\cdot\gamma_2. \tag{7.2.24}$$

和 [28, (3.3)–(3.6)] 的证明类似, 可以推出

$$\gamma_2=\left(\sum_{k=0}^{\infty}\varphi^{2r}(x)n^{2r}|\Delta^{2r}a_k(n)|^{\frac{1}{\lambda}}s_{n,k}(x)\right)^{\lambda}$$

$$\leqslant C(n^{-\frac{1}{\lambda}(2r-r\lambda)+r}\|\varphi^{2r\lambda}f^{(2r)}\|^{\frac{1}{\lambda}})^{\lambda}$$

$$=Cn^{-2r+2r\lambda}\|\varphi^{2r\lambda}f^{(2r)}\|. \tag{7.2.25}$$

从 [18, (9.4.14)], 可以挑选 $q\in N$, 使得 $2q(1-\lambda)>1$, 则

$$\gamma_1\leqslant\left(\sum_{k=0}^{\infty}\left|\frac{k}{n}-x\right|^{2ql}s_{n,k}(x)\right)^{\frac{1}{2q}}\leqslant Cn^{-\frac{l}{2}}\varphi^l(x).$$

所以对 $x\in E_n, 0<\lambda<1$,

$$|K|\leqslant Cn^{\frac{-j+i}{2}}\varphi^{j-i}(x)\left(n^{2r}\right)^{1-\lambda}\sum_{l=0}^{j-i}\left(\frac{\sqrt{n}}{\varphi(x)}\right)^{l+j-i}n^{-2r+2r\lambda}n^{-\frac{1}{2}}\varphi^l(x)\|\varphi^{2r\lambda}f^{(2r)}\|$$

$$\leqslant C\|\varphi^{2r\lambda}f^{(2r)}\|. \tag{7.2.26}$$

(c) 对于 $x\in E_n, \lambda=0$, 由 [18, p154] 可知, 有 $|\Delta^{2r}a_k(n)|\leqslant Cn^{-2r}\|f^{(2r)}\|$. 和 $0<\lambda<1$ 时的情形以及 [18, (9.4.14)] 类似, 有

$$|K|\leqslant Cn^{2r}\sum_{l=0}^{j-i}\left(\frac{\sqrt{n}}{\varphi(x)}\right)^{l+j-i}n^{\frac{-j+i}{2}}\varphi^{j-i}(x)\sum_{k=0}^{\infty}\left|\frac{k}{n}-x\right|^l s_{n,k}(x)n^{-2r}\|f^{(2r)}\|$$

$$\leqslant C\sum_{l=0}^{j-i}\left(\frac{\sqrt{n}}{\varphi(x)}\right)^l\left(\sum_{k=0}^{\infty}\left|\frac{k}{n}-x\right|^{2l}s_{n,k}(x)\right)^{\frac{1}{2}}\|f^{(2r)}\|$$

$$\leqslant C\|f^{(2r)}\|. \tag{7.2.27}$$

这样综合 (7.2.14), (7.2.15), (7.2.21)–(7.2.27), 就得到了 (7.2.2). 故引理得证. □

定理 7.2.3 设 $f \in L_p[0, \infty), n \geqslant 4r, r \in N, 0 < \alpha < 2r$, 则由

$$\|U_n^{(2r-1)}(f, x) - f(x)\|_p = O\left(n^{-\frac{\alpha}{2}}\right)$$

可推导出

$$\omega_\varphi^{2r}(f, t)_p = O(t^\alpha).$$

设 $f \in C_B[0, \infty), n \geqslant 4r, r \in N, 0 \leqslant \lambda \leqslant 1, 0 < \alpha < 2r$, 则由

$$|U_n^{(2r-1)}(f, x) - f(x)| = O\left(\left(\frac{\delta_n^{1-\lambda}(x)}{\sqrt{n}}\right)^\alpha\right)$$

可推导出

$$\omega_{\varphi^\lambda}^{2r}(f, t) = O(t^\alpha).$$

证明 利用引理 7.2.1 和引理 7.2.2, 定理 7.2.3 的证明与 [28, p145] 中充分性证明是相似的. □

从定理 7.1.3 和定理 7.2.3 即推出定理 F.

第 8 章　Bernstein 拟内插式算子的强逆不等式

本章的目的是证明 $B_n^{(2r-1)}f$ 算子的拟内插式的 B 型强逆不等式. 关于几种算子的强逆不等式过去已有过研究, 如 [8,16,84]. 这是首次利用高阶模得到 Bernstein 拟内插式算子的结果.

为了证明主要定理, 将在 8.1 节中给出一些引理. 在 8.2 节将给出主要定理的证明.

为了方便, 下面的符号通用.

$$B_n^{(r)}f = B_n^{(r)}(f, x), \quad B_n^{(r)}(B_n^{(r)}f) = B_n^{(r)}(B_n^{(r)}(f, \cdot), x).$$

8.1　预 备 引 理

首先, 先证明下面的几个引理.

引理 8.1.1　设 $E_n = \left[\dfrac{1}{n}, 1 - \dfrac{1}{n}\right]$, $\varphi(x) = \sqrt{x(1-x)}$, $f \in W^{2r+1}(\varphi)$ 以及 $R_{2r+1}(f, t, x) = \dfrac{1}{(2r)!} \displaystyle\int_x^t (t-u)^{2r} f^{(2r+1)}(u)du$. 则有

$$\|B_n^{(2r-1)}(R_{2r+1}(f, \cdot, x), x)\|_{E_n} \leqslant Cn^{-r-\frac{1}{2}} \|\varphi^{2r+1} f^{(2r+1)}\|.$$

证明　首先注意到对于 $B_n^{(2r-1)}f^{[63, 79, 87]}$, 有

$$\alpha_0^n(x) = 1, \quad \alpha_1^n(x) = 0,$$

$$|\alpha_j^n(x)| \leqslant Cn^{-\frac{i}{2}}\varphi^j(x), \quad \text{如果} \quad x \in E_n.$$

所以

$$B_n^{(2r-1)}(R_{2r+1}(f, \cdot, x), x)$$

$$=B_n(R_{2r+1}(f, \cdot, x), x) + \sum_{j=2}^{2r-1} \alpha_j^n(x) B_{n,j}(R_{2r+1}(f, \cdot, x), x)$$

$$=: I_0 + \sum_{j=2}^{2r-1} I_j. \tag{8.1.1}$$

再注意到 [18, (9.4.14)]

$$B_n((t-x)^{2m},x) \leqslant Cn^{-m}\varphi^{2m}(x), \quad \text{对于 } x \in E_n,$$

以及 [18, (9.6.1)]

$$|R_{2r+1}(f,t,x)| \leqslant \frac{|t-x|^{2r+1}}{(2r)!}\varphi^{-(2r+1)}(x)\|\varphi^{2r+1}f^{(2r+1)}\|.$$

于是由 Hölder 不等式, 对于 $x \in E_n$ 得到

$$|I_0| \leqslant \frac{\varphi^{-(2r+1)}(x)}{(2r)!}\|\varphi^{2r+1}f^{(2r+1)}\|B_n(|t-x|^{2r+1},x)$$

$$\leqslant \frac{\varphi^{-(2r+1)}(x)}{(2r)!}\|\varphi^{2r+1}f^{(2r+1)}\|(B_n((t-x)^{4r+2},x))^{\frac{1}{2}}$$

$$\leqslant Cn^{-r-\frac{1}{2}}\|\varphi^{2r+1}f^{(2r+1)}\|. \tag{8.1.2}$$

另一方面, 对于 $x \in E_n$ 由下面的公式 (参见 [18, p127], [63, p171])

$$|D^j p_{n,k}(x)| \leqslant C\sum_{i=0}^{j}\left(\frac{\sqrt{n}}{\varphi(x)}\right)^{j+i}\left|\frac{k}{n}-x\right|^i p_{n,k}(x),$$

有

$$|I_j| = \left|\alpha_j^n(x)\sum_{k=0}^{n}(D^j p_{n,k}(x))\frac{1}{(2r)!}\int_x^{\frac{k}{n}}\left(\frac{k}{n}-u\right)^{2r}f^{(2r+1)}(u)du\right|$$

$$\leqslant Cn^{-\frac{j}{2}}\varphi^j(x)\sum_{k=0}^{n}\sum_{i=0}^{j}\left(\frac{\sqrt{n}}{\varphi(x)}\right)^{j+i}\left|\frac{k}{n}-x\right|^i p_{n,k}(x)\frac{\left|\frac{k}{n}-x\right|^{2r+1}}{\varphi^{2r+1}(x)}\|\varphi^{2r+1}f^{(2r+1)}\|$$

$$\leqslant C\sum_{i=0}^{j}n^{\frac{i}{2}}\varphi^{-(2r+1+i)}(x)B_n(|t-x|^{2r+1+i},x)\|\varphi^{2r+1}f^{(2r+1)}\|$$

$$\leqslant Cn^{-r-\frac{1}{2}}\|\varphi^{2r+1}f^{(2r+1)}\|. \tag{8.1.3}$$

依据 (8.1.1)–(8.1.3) 有

$$\|B_n^{(2r-1)}(R_{2r+1}(f,\cdot,x),x)\|_{E_n} \leqslant Cn^{-r-\frac{1}{2}}\|\varphi^{2r+1}f^{(2r+1)}\|. \qquad \square$$

引理 8.1.2 对于 $n \geqslant 2r$ 有

$$B_n^{(2r-1)}\left((t-x)^{2r},x\right) = (-1)^{r-1}n^{-r}\varphi^{2r}(x)\frac{(2r)!}{2^r(r!)} + \varphi^{2r}(x)o\left(\frac{1}{n^r}\right)$$

$$+ c_{2r-1}^n\frac{\varphi^2(x)}{n^{2r-1}} + \cdots + c_{r+1}^n\frac{\varphi^{2r-2}(x)}{n^{r+1}}, \tag{8.1.4}$$

这里系数 $\{c_j^n\}$ 关于 n 是一致有界的, 它不依赖于 x.

证明　注意到对于所有的 $p \in \Pi_{2r}$, 有 $B_n^{(2r)}p = p$, 所以

$$B_n^{(2r)}((t-x)^{2r}, x) = 0,$$

以及

$$B_n^{(2r)}((t-x)^{2r}, x) - B_n^{(2r-1)}((t-x)^{2r}, x) = \alpha_{2r}^n(x)(D^{2r}B_n)((t-x)^{2r}, x).$$

于是, 有

$$B_n^{(2r-1)}((t-x)^{2r}, x) = -\alpha_{2r}^n(x)(D^{2r}B_n)((t-x)^{2r}, x).$$

由 [18, (9.4.3)]

$$(D^{2r}B_n)(f, x) = \frac{n!}{(n-2r)!} \sum_{k=0}^{n-2r} \overrightarrow{\Delta}_{\frac{1}{n}}^{2r} f\left(\frac{k}{n}\right) p_{n-2r,k}(x),$$

以及 [18, (2.4.5)]

$$\overrightarrow{\Delta}_{\frac{1}{n}}^{2r} f\left(\frac{k}{n}\right) = \int_0^{\frac{1}{n}} \cdots \int_0^{\frac{1}{n}} f^{(2r)}\left(\frac{k}{n} + u_1 + \cdots + u_{2r}\right) du_1 \cdots du_{2r},$$

这里 $\overrightarrow{\Delta}_{\frac{1}{n}}^{2r} f\left(\frac{k}{n}\right)$ 是向前 $2r$-阶差分, 即

$$\overrightarrow{\Delta}_{\frac{1}{n}}^{2r} f\left(\frac{k}{n}\right) = \sum_{k=0}^{2r} (-1)^k \binom{2r}{k} f\left(\frac{k}{n} + \frac{2r-k}{n}\right),$$

容易得到

$$(D^{2r}B_n)((t-x)^{2r}, x) = \frac{(2r)!n!}{(n-2r)!n^{2r}} = (2r)!\left(1 + O\left(\frac{1}{n}\right)\right).$$

故有

$$B_n^{(2r-1)}((t-x)^{2r}, x) = -\alpha_{2r}^n(x)(2r)!\left(1 + O\left(\frac{1}{n}\right)\right). \tag{8.1.5}$$

由 [63, (2.7)] 有

$$\alpha_{2r}^n(x) = b_{2r-1}^n \frac{\varphi^2(x)}{n^{2r-1}} + b_{2r-2}^n \frac{\varphi^4(x)}{n^{2r-2}} + \cdots + b_{r+1}^n \frac{\varphi^{2r-2}(x)}{n^{r+1}} + b_r^n \frac{\varphi^{2r}(x)}{n^r}, \tag{8.1.6}$$

这里 $\{b_j^n\}$ 对于 n 一致有界而不依赖于 x. 由 [75, 定理 4.2] 可知

$$\lim_n n^r \alpha_{2r}^n(x) = \overline{\alpha}_{2r}(x) = \frac{(-1)^r \varphi^{2r}(x)}{2^r(r!)}.$$

利用这个结果以及 (8.1.6) 得到了公式 (8.1.6) 中系数 b_r^n:

$$\lim_n b_r^n = (-1)^r \frac{1}{2^r(r!)}. \tag{8.1.7}$$

依据 (8.1.5)–(8.1.7) 就可以得到 (8.1.4). $\qquad\qquad\qquad\qquad\qquad\qquad\qquad\qquad$ □

引理 8.1.3 对于 $f \in C^{2r}[0,1]$, 有

$$\|\varphi^{2r+1}D^{2r+1}(B_n^{(2r-1)}f)\| \leqslant C\sqrt{n}\|\varphi^{2r}f^{(2r)}\|. \tag{8.1.8}$$

证明 注意到 [63, (3.11)], 它对于 $m \in N$,

$$|\varphi^{2r+m}(x)D^{2r+m}B_n(f,x)| \leqslant Cn^{\frac{m}{2}}\|\varphi^{2r}f^{(2r)}\|, \tag{8.1.9}$$

以及 [63, (2.14)] 它对于 $x \in E_n = \left[\dfrac{1}{n}, 1-\dfrac{1}{n}\right]$,

$$|D^m(\alpha_j^n(x))| \leqslant Cn^{-\frac{j}{2}+\frac{m}{2}}\varphi^{j-m}(x). \tag{8.1.10}$$

利用 (8.1.9) 以及 (8.1.10), 对于 $x \in E_n$, 有

$$\left| \varphi^{2r+1}(x)D^{2r+1}\left[B_n(f,x) + \sum_{j=2}^{2r-1} \alpha_j^n(x)B_{n,j}(f,x) \right] \right|$$

$$\leqslant |\varphi^{2r+1}D^{2r+1}B_n(f,x)| + \sum_{j=2}^{2r-1}\sum_{i=0}^{j} \varphi^{2r+1}(x)\binom{2r+1}{i}|D^i\alpha_j^n(x)||B_{n,2r+1+j-i}(f,x)|$$

$$\leqslant C\sqrt{n}\|\varphi^{2r}f^{(2r)}\| + C\sum_{j=2}^{2r-1}\sum_{i=0}^{j} n^{-\frac{j}{2}+\frac{i}{2}}\varphi^{2r+1+j-i}(x)|B_{n,2r+1+j-i}(f,x)|$$

$$\leqslant C\sqrt{n}\|\varphi^{2r}f^{(2r)}\| + C\sum_{j=2}^{2r-1}\sum_{i=0}^{j} n^{-\frac{j}{2}+\frac{i}{2}}n^{\frac{j+1-i}{2}}\|\varphi^{2r}f^{(2r)}\| \leqslant C\sqrt{n}\|\varphi^{2r}f^{(2r)}\|,$$

这里在最后一步利用 (8.1.9) 可得

$$\varphi^{2r+1+j-i}(x)|B_{n,2r+1+j-i}(f,x)| \leqslant Cn^{\frac{j+1-i}{2}}\|\varphi^{2r}f^{(2r)}\|.$$

所以, 有

$$\|\varphi^{2r+1}D^{2r+1}(B_n^{(2r-1)}f)\|_{E_n} \leqslant C\sqrt{n}\|\varphi^{2r}f^{(2r)}\|.$$

因为 $(\varphi^{2r+1}(B_n^{(2r-1)}f)^{(2r+1)})^2$ 是多项式, 可以利用带权多项式逼近的结果 ([18, 定理 8.4.8]) 将区间 $[-1,1]$ 变换为 $[0,1]$, 于是就得到如下估计 (参见 [63, (3.12)]):

$$\|(\varphi^{2r+1}D^{2r+1}(B_n^{(2r-1)}f))^2\|_{[0,1]} \leqslant M\|(\varphi^{2r+1}D^{2r+1}(B_n^{(2r-1)}f))^2\|_{E_n}, \tag{8.1.11}$$

这里 M 不依赖于 n. 所以得到

$$\|\varphi^{2r+1}D^{2r+1}(B_n^{(2r-1)}f)\| \leqslant M\|\varphi^{2r+1}D^{2r+1}(B_n^{(2r-1)}f)\|_{E_n} \leqslant C\sqrt{n}\|\varphi^{2r}f^{(2r)}\|.$$

这就是 (8.1.8).　　　　　　　　　　　　　　　　　　　　　　　　　　□

引理 8.1.4 ([63, (3.3)])　对于 $f \in C[0,1]$, 有

$$\|\varphi^{2r}D^{2r}(B_n^{(2r-1)}f)\| \leqslant Cn^r\|f\|. \tag{8.1.12}$$

引理 8.1.5　对于 $f \in W^{2r+1}(\varphi)$, 有

$$B_n^{(2r-1)}(f,x) - f(x) - \frac{(-1)^{r-1}\varphi^{2r}(x)}{2^r r! n^r}f^{(2r)}(x)$$

$$= o\left(\frac{1}{n^r}\right)\varphi^{2r}(x)f^{(2r)}(x) + c_{2r-1}^n\frac{\varphi^2(x)}{n^{2r-1}}f^{(2r)} + \cdots$$

$$+ c_{r+1}^n\frac{\varphi^{2r-2}(x)}{n^{r+1}}f^{(2r)}(x) + B_n^{(2r-1)}(R_{2r+1}(f,\cdot,x),x), \tag{8.1.13}$$

这里 $\{c_{2r-1}^n, \cdots, c_{r+1}^n\}$ 关于 n 一致有界, 不依赖于 x.

证明　由 Taylor 公式将 f 展开

$$f(t) = f(x) + (t-x)f'(x) + \cdots + \frac{(t-x)^{2r}}{(2r)!}f^{(2r)}(x) + R_{2r+1}(f,t,x),$$

这里 $R_{2r+1}(f,t,x) = \dfrac{1}{(2r)!}\displaystyle\int_x^t(t-u)^{2r}f^{(2r+1)}(u)du$. 因为 $B_n^{(2r-1)}$ 实际上是 $2r-1$ 次多项式 (参见 [79, 43, 63, 74]), 故

$$B_n^{(2r-1)}(f,x) - f(x)$$

$$= \frac{1}{(2r)!}B_n^{(2r-1)}((t-x)^{2r},x)f^{(2r)}(x) + B_n^{(2r-1)}(R_{2r+1}(f,t,x),x).$$

由引理 8.1.2 有

$$B_n^{(2r-1)}(f,x) - f(x)$$

$$= \frac{(-1)^{r-1}\varphi^{2r}(x)}{2^r r! n^r}f^{(2r)}(x) + o\left(\frac{1}{n^r}\right)\varphi^{2r}(x)f^{(2r)}(x)$$

$$+ \frac{1}{(2r)!}\left[\sum_{j=1}^{r-1}c_{2r-j}^n\frac{\varphi^{2j}(x)}{n^{2r-j}}\right]f^{(2r)}(x) + B_n^{(2r-1)}(R_{2r+1}(f,t,x),x).$$

这样就得到了 (8.1.13).　　　　　　　　　　　　　　　　　　　　□

8.2 主要定理的证明

本章的目的是证明下面的重要定理.

定理 8.2.1 设 $f \in C[0,1]$, $\varphi(x) = \sqrt{x(1-x)}$, $n \geqslant 4r$, $r \in N$, 则存在常数 k 使得对于 $l \geqslant kn$, 有

$$K_\varphi^{2r}\left(f, n^{-r}\right) \leqslant C\left(\frac{l}{n}\right)^r \left(\|B_n^{(2r-1)}f - f\| + \|B_l^{(2r-1)}f - f\|\right).$$

为了证明主要结果, 挑选函数

$$g = B_n^{(2r-1)}\left(B_n^{(2r-1)}f\right) =: B_n^{2(2r-1)}f.$$

为了估计 K-泛函, 首先注意到 $B_n^{(2r-1)}$ 是有界的[87], 于是

$$K_\varphi^{2r}(f, n^{-r})$$
$$\leqslant \|f - B_n^{2(2r-1)}f\| + n^{-r}\|\varphi^{2r}D^{2r}(B_n^{2(2r-1)}f)\|$$
$$\leqslant \|f - B_n^{(2r-1)}f\| + \|B_n^{(2r-1)}f - B_n^{2(2r-1)}f\| + n^{-r}\|\varphi^{2r}D^{2r}(B_n^{2(2r-1)}f)\|$$
$$\leqslant C\|f - B_n^{(2r-1)}f\| + n^{-r}\|\varphi^{2r}D^{2r}(B_n^{2(2r-1)}f)\|.$$

所以只需要计算 $\varphi^{2r}g^{(2r)} = \varphi^{2r}D^{2r}(B_n^{2(2r-1)}f)$. 在引理 8.1.5 中用 $g = B_n^{2(2r-1)}f$ 代替 f, 用 l 代替 n, 于是得到

$$B_l^{(2r-1)}(g, x) - g(x) - \frac{(-1)^{r-1}\varphi^{2r}(x)}{2^r r! l^r}g^{(2r)}(x)$$
$$= o\left(\frac{1}{l^r}\right)\varphi^{2r}(x)g^{(2r)}(x) + c_{2r-1}^l\frac{\varphi^2(x)}{l^{2r-1}}g^{(2r)}(x) + \cdots$$
$$+ c_{r+1}^l\frac{\varphi^{2r-2}(x)}{l^{r+1}}g^{(2r)}(x) + B_l^{(2r-1)}(R_{2r+1}(g, \cdot, x), x), \tag{8.2.1}$$

对于 $x \in E_n = \left[\frac{1}{n}, 1 - \frac{1}{n}\right]$, 有 $n\varphi^2(x) \geqslant \frac{1}{2}$. 故有

$$\left|\frac{\varphi^2(x)}{l^{2r-1}}g^{(2r)}(x)\right| = \left|\frac{n^{r-1}\varphi^{2r}(x)}{l^{2r-1}n^{r-1}\varphi^{2r-2}(x)}g^{(2r)}(x)\right| \leqslant \frac{2^{r-1}}{l^r}\left(\frac{n}{l}\right)^{r-1}\|\varphi^{2r}g^{(2r)}\|,$$

$$\cdots\cdots$$

$$\left|\frac{\varphi^{2r-2}(x)}{l^{r+1}}g^{(2r)}(x)\right| = \left|\frac{n\varphi^{2r}(x)}{l^{r+1}n\varphi^2(x)}g^{(2r)}(x)\right| \leqslant \frac{2}{l^r}\left(\frac{n}{l}\right)\|\varphi^{2r}g^{(2r)}\|. \tag{8.2.2}$$

由引理 9.1.1 有

$$\|B_l^{(2r-1)}(R_{2r+1}(g, \cdot, x), x)\|_{E_n} \leqslant Cl^{-r-\frac{1}{2}}\|\varphi^{2r+1}g^{(2r+1)}\|. \tag{8.2.3}$$

综合 (8.2.1)–(8.2.3) 可得

$$
\frac{1}{2^r r! l^r} \| \varphi^{2r} g^{(2r)} \|_{E_n}
$$

$$
\leqslant \| B_l^{(2r-1)} g - g \| + o\left(\frac{1}{l^r}\right) \| \varphi^{2r} g^{(2r)} \| + C\frac{1}{l^r} \left[\left(\frac{n}{l}\right)^{r-1} + \cdots + \frac{n}{l} \right]
$$

$$
\cdot \| \varphi^{2r} g^{(2r)} \| + Cl^{-r-\frac{1}{2}} \| \varphi^{2r+1} g^{(2r+1)} \|. \tag{8.2.4}
$$

现在将分别计算公式 (8.2.4) 的右侧中的前一部分和后一部分. 由 $B_n^{(2r-1)} f$ 的有界性, 有

$$
\| B_l^{(2r-1)} g - g \|
$$

$$
= \| B_l^{(2r-1)} (B_n^{2(2r-1)} f) - B_n^{2(2r-1)} f \|
$$

$$
\leqslant \| B_l^{(2r-1)} (B_n^{2(2r-1)} f - B_n^{(2r-1)} f) \| + \| B_l^{(2r-1)} (B_n^{(2r-1)} f - f) \|
$$

$$
+ \| B_l^{(2r-1)} f - f \| + \| f - B_n^{(2r-1)} f \| + \| B_n^{(2r-1)} (f - B_n^{(2r-1)} f) \|
$$

$$
\leqslant C(\| B_n^{(2r-1)} f - f \| + \| B_l^{(2r-1)} f - f \|). \tag{8.2.5}
$$

由 (8.1.8) 和 (8.1.12) 有

$$
\| \varphi^{2r+1} g^{(2r+1)} \|
$$

$$
= \| \varphi^{2r+1} D^{2r+1} (B_n^{2(2r-1)} f) \|
$$

$$
\leqslant C\sqrt{n} \| \varphi^{2r} D^{2r} (B_n^{2(2r-1)} f) \|
$$

$$
\leqslant C\sqrt{n} \left\{ \| \varphi^{2r} D^{2r} (B_n^{2(2r-1)} f) \| + \| \varphi^{2r} D^{2r} (B_n^{(2r-1)} (B_n^{(2r-1)} f - f)) \| \right\}
$$

$$
\leqslant C\sqrt{n} \| \varphi^{2r} D^{2r} (B_n^{2(2r-1)} f) \| + Cn^{r+\frac{1}{2}} \| B_n^{(2r-1)} f - f \|. \tag{8.2.6}
$$

于是利用 (8.2.4)–(8.2.6) 可得

$$
\frac{1}{2^r r! l^r} \| \varphi^{2r} g^{(2r)} \|_{E_n}
$$

$$
\leqslant C\left(\| B_n^{(2r-1)} f - f \| + \| B_l^{(2r-1)} f - f \| \right) + C\left(\frac{n}{l}\right)^{r+\frac{1}{2}} \| B_n^{(2r-1)} f - f \|
$$

$$
+ Cl^{-r} \left(\frac{n}{l}\right)^{\frac{1}{2}} \| \varphi^{2r} g^{(2r)} \| + C\frac{1}{l^r} \left[\left(\frac{n}{l}\right)^{r-1} + \cdots + \frac{n}{l} + o(1) \right] \| \varphi^{2r} g^{(2r)} \|. \tag{8.2.7}
$$

因为 $\varphi^{2r}(x) g^{(2r)}(x) = \varphi^{2r}(x) D^{2r}(B_n^{2(2r-1)}(f, x))$, 与 (8.1.11) 同样的理由, 有

$$
\| \varphi^{2r} D^{2r} (B_n^{2(2r-1)} f) \|_{[0,1]} \leqslant M \| \varphi^{2r} D^{2r} (B_n^{2(2r-1)} f) \|_{E_n}, \tag{8.2.8}
$$

这里 M 不依赖于 n. 由 (8.2.7) 和 (8.2.8) 可得

$$\frac{1}{2^r r! l^r} \|\varphi^{2r} g^{(2r)}\|_{[0,1]}$$

$$\leqslant \frac{M}{2^r r! l^r} \|\varphi^{2r} g^{(2r)}\|_{E_n}$$

$$\leqslant CM(\|B_n^{(2r-1)} f - f\| + \|B_l^{(2r-1)} f - f\|) + CM\left(\frac{n}{l}\right)^{r+\frac{1}{2}} \|B_n^{(2r-1)} f - f\|$$

$$+ CM\frac{1}{l^r}\left[\left(\frac{n}{l}\right)^{r-1} + \cdots + \frac{n}{l} + \left(\frac{n}{l}\right)^{\frac{1}{2}} + o(1)\right] \|\varphi^{2r} g^{(2r)}\|. \tag{8.2.9}$$

现在挑选 $l \geqslant kn$ 使得 k 足够大, 得

$$CM\frac{1}{l^r}\left[\left(\frac{n}{l}\right)^{r-1} + \cdots + \frac{n}{l} + \left(\frac{n}{l}\right)^{\frac{1}{2}} + o(1)\right] \leqslant \frac{1}{2 \cdot 2^r r! l^r}. \tag{8.2.10}$$

由 (8.2.9) 和 (8.2.10) 可得

$$\frac{1}{2 \cdot 2^r r! l^r} \|\varphi^{2r} D^{2r}(B_n^{2(2r-1)} f)\| \leqslant C\left\{\|B_n^{(2r-1)} f - f\| + \|B_l^{(2r-1)} f - f\|\right\}.$$

所以

$$\frac{1}{n^r} \|\varphi^{2r} D^{2r}(B_n^{2(2r-1)} f)\| \leqslant C\left(\frac{l}{n}\right)^r \left\{\|B_n^{(2r-1)} f - f\| + \|B_l^{(2r-1)} f - f\|\right\}.$$

于是完成了定理 8.2.1 的证明, 也就是定理 G.

第 9 章　　Gamma 拟内插式算子的强逆不等式

9.1　预 备 引 理

本章我们考虑的是 Gamma 拟内插式算子的强逆不等式. 我们仍然用 G_n 来表示 Gamma 原算子. 为了和第 3 章有所区分, 用 $G_{n,k}$ 来表示 Gamma 拟内插式算子. 首先列出 G_n 和 $G_{n,k}$ 的一些基本性质, 它们中有的在第 3 章中的预备知识中出现过, 但是为了方便读者阅读仍然把它们列在这里.

(1) 对于 $k \in N_0$, $n \geqslant \max\{2, k\}$ 和 $f \in L_p(I)$, $1 \leqslant p \leqslant \infty$ (参见 [69, 定理 2]),

$$\|G_{n,k}f\|_p \leqslant C\|f\|_p. \tag{9.1.1}$$

(2) 对于 $j \in N_0$, $n \geqslant j$ 和 $x \in I$ (参见 [69, (7)])

$$\alpha_j^n(x) = \left(\frac{x}{n}\right)^j L_j^{(n-j)}(n), \quad \alpha_0^n(x) = 1, \quad \alpha_1^n(x) = 0, \tag{9.1.2}$$

这里对于 $\alpha \in R$

$$L_j^{(\alpha)}(x) = \sum_{r=0}^{j} (-1)^r \binom{j+\alpha}{j-\alpha} \frac{x^r}{r!}$$

是 j 次 Laguerre 多项式.

(3) 对于 $j \in N_0$ 和 $n \geqslant j$ (参见 [69, (11)])

$$\left| \frac{1}{n^j} L_j^{(n-j)}(n) \right| \leqslant C n^{-\frac{j}{2}}. \tag{9.1.3}$$

(4) 设 $r, m \in N$, $\varphi(x) = x$ 以及 $1 \leqslant p \leqslant \infty$ (参见 [69, (29)])

$$U_r =: \{g | g^{(r-1)} \in \text{A.C.}_{\text{loc}}(I), \ g^{(r)}, \ \varphi^r g^{(r)} \in L_p(I)\},$$

则对于 $f \in U_{2r}$, $n \geqslant 2r + m$,

$$\|\varphi^{2r+m}(G_n f)^{2r+m}\|_p \leqslant C n^{\frac{m}{2}} \|\varphi^{2r} f^{(2r)}\|_p. \tag{9.1.4}$$

为了证明主要结果, 需要下面的引理.

引理 9.1.1　设 $n \geqslant 4r$, $\varphi(x) = x$. 则对于 $f \in U_{2r}$, $1 \leqslant p \leqslant \infty$, 有

$$\|\varphi^{2r+1}(G_{n,2r-1}f)^{(2r+1)}\|_p \leqslant C\sqrt{n} \|\varphi^{2r} f^{(2r)}\|_p. \tag{9.1.5}$$

证明 由 (9.1.2) 和 (9.1.3) 对于 $f \in U_{2r}$, $1 \leqslant p \leqslant \infty$, 有

$$\left\| \varphi^{2r+1} (G_{n,2r-1}f)^{(2r+1)} \right\|_p$$

$$= \left\| \varphi^{2r+1} \left(\sum_{j=0}^{2r-1} \frac{1}{n^j} L_j^{(n-j)}(n) \varphi^j (G_n f)^{(j)} \right)^{(2r+1)} \right\|_p$$

$$= \left\| \varphi^{2r+1} (G_n f)^{(2r+1)} + \sum_{j=2}^{2r-1} \frac{1}{n^j} L_j^{(n-j)}(n) \varphi^{2r+1} \right.$$

$$\left. \cdot \sum_{k=0}^{j} \binom{2r+1}{k} k! \binom{j}{k} \varphi^{j-k} (G_n f)^{(2r+1-k+j)} \right\|_p$$

$$\leqslant \left\| \varphi^{2r+1} (G_n f)^{(2r+1)} \right\|_p + C \sum_{j=2}^{2r-1} n^{-\frac{j}{2}} \sum_{k=0}^{j} \left\| \varphi^{2r+1+j-k} (G_n f)^{(2r+1+j-k)} \right\|_p. \tag{9.1.6}$$

利用 (9.1.4) 对 (9.1.6) 的右边进行估计

$$C \left[\sqrt{n} \left\| \varphi^{2r} f^{(2r)} \right\|_p + \sum_{j=2}^{2r-1} n^{-\frac{j}{2}} \sum_{k=0}^{j} n^{\frac{j+1-k}{2}} \left\| \varphi^{2r} f^{(2r)} \right\|_p \right]$$

$$= C \left[\sqrt{n} + \sum_{j=2}^{2r-1} n^{-\frac{j}{2}} \left(n^{\frac{j+1}{2}} + n^{\frac{j}{2}} + \cdots + n^{\frac{1}{2}} \right) \right] \left\| \varphi^{2r} f^{(2r)} \right\|_p$$

$$\leqslant C \sqrt{n} \left\| \varphi^{2r} f^{(2r)} \right\|_p,$$

这样 (9.1.5) 得证. $\qquad\qquad\square$

引理 9.1.2 对于 $n \geqslant 2r$, 有

$$G_{n,2r-1} \left((t-x)^{2r}, x \right) = A_0 n^{-r} x^{2r} + O(n^{-r-1}) x^{2r}, \tag{9.1.7}$$

这里 $A_0 \neq 0$ 是一个不依赖于 n 和 x 的常数.

证明 利用

$$G_{n,2r}((t-x)^{2r}, x) = 0$$

和

$$G_{n,2r}((t-x)^{2r}, x) - G_{n,2r-1}((t-x)^{2r}, x) = \alpha_{2r}^n(x)(D^{2r} G_n)((t-x)^{2r}, x),$$

有

$$G_{n,2r-1}((t-x)^{2r}, x) = -\alpha_{2r}^n(x)(D^{2r} G_n)((t-x)^{2r}, x). \tag{9.1.8}$$

由 [69, (7), p211] 知道

$$\alpha_{2r}^n(x) = \left(\frac{x}{n}\right)^{2r} L_{2r}^{(n-2r)}(n)$$

和

$$L_{2r}^{(n-2r)}(n) = \frac{1}{(2r)!}\varphi_{2r}(-n),$$

这里 $L_j^{(\alpha)}(x)$ 是 j 次 Laguerre 多项式 (参见 [59, (14), (29)]), φ_{2r} 是 $2r$ 次 Lupas 多项式, $\varphi_{2r}(-n)$ 中的 n^r 的系数不是零. 于是

$$\alpha_{2r}^n(x) = \frac{-A_0}{(2r)!}n^{-r}x^{2r} + O(n^{-r-1})x^{2r}. \tag{9.1.9}$$

对于 $f^{(2r)} \in L_p(I)$, 由 (1.1.2) 有

$$D^{2r}G_n(f,x) = \frac{n^{2r}(n-2r)!}{n!}G_{n-2r}(f^{(2r)},x).$$

所以

$$(D^{2r}G_n)((t-x)^{2r},x) = \frac{n^{2r}(n-2r)!}{n!} \cdot \frac{(2r)!}{(n-2r)!}\int_0^\infty e^{-t}t^{n-2r}dt$$

$$= (2r)!\left(1 + O\left(\frac{1}{n}\right)\right). \tag{9.1.10}$$

从 (9.1.8)–(9.1.10), (9.1.7) 得证.　　　　　　　　　　　　　　　　　□

引理 9.1.3　对于 $n \geqslant 2r$, $f \in U_{2r+1}$ 和 $1 \leqslant p \leqslant \infty$, 有

$$\|G_{n,2r-1}f - f - \frac{A_0}{(2r)!}n^{-r}\varphi^{2r}f^{(2r)}\|_p$$

$$\leqslant Cn^{-r-\frac{1}{2}}\|\varphi^{2r+1}f^{(2r+1)}\|_p + Cn^{-r-1}\|\varphi^{2r}f^{(2r)}\|_p, \tag{9.1.11}$$

这里 A_0 是一个不依赖于 n 的常数, $\varphi(x) = x$.

证明　对于 $f \in U_{2r+1}$, 利用 Taylor 公式

$$f(t) = f(x) + f'(x)(t-x) + \cdots + \frac{f^{(2r)}(x)}{(2r)!}(t-x)^{2r} + R_{2r+1}(f,t,x),$$

其中

$$R_{2r+1}(f,t,x) = \frac{1}{(2r)!}\int_x^t (t-u)^{2r}f^{(2r+1)}(u)du.$$

因为对于 $p \in \Pi_{2r-1}$, $G_{n,2r-1}p = p$, 故

$$
\begin{aligned}
&G_{n,2r-1}(f,x) - f(x) \\
&= \frac{f^{(2r)}(x)}{(2r)!} G_{n,2r-1}((t-x)^{2r}, x) + G_{n,2r-1}(R_{2r+1}(f,t,x), x) \\
&=: I_1 + I_2.
\end{aligned} \tag{9.1.12}
$$

利用引理 9.1.2 可得

$$
G_{n,2r-1}((t-x)^{2r}, x) = A_0 n^{-r} x^{2r} + O(n^{-r-1}) x^{2r}. \tag{9.1.13}
$$

对于 $\|I_2\|_p$ 的估计完全类似于 [69] 中的 (28), 故有

$$
\|I_2\|_p \leqslant C n^{-r-\frac{1}{2}} \|\varphi^{2r+1} f^{(2r+1)}\|_p. \tag{9.1.14}
$$

综合 (9.1.12)–(9.1.14) 得到

$$
\left\| G_{n,2r-1}(f,x) - f(x) - \frac{A_0}{(2r)!} n^{-r} \varphi^{2r}(x) f^{(2r)}(x) \right\|_p
$$

$$
\leqslant C n^{-r-\frac{1}{2}} \|\varphi^{2r+1} f^{(2r+1)}\|_p + C n^{-r-1} \|\varphi^{2r} f^{(2r)}\|_p.
$$

于是 (9.1.11) 得证. □

引理 9.1.4 ([69, (30)]) 对于 $n \geqslant 4r$, $f \in L_p(I)$, $1 \leqslant p \leqslant \infty$, 有

$$
\|\varphi^{2r}(x)(G_{n,2r-1}(f,x))^{(2r)}\|_p \leqslant C n^r \|f\|_p.
$$

9.2 主要定理的证明

首先定义 K-泛函 (参见 [18, (2.1.1)])

$$
K_\varphi^{2r}(f, n^{-r})_p = \inf_{g \in U_{2r}} \{ \|f-g\|_p + n^{-r} \|\varphi^{2r} g^{(2r)}\|_p \}.
$$

熟知 (参见 [18, 定理 2.1.1])

$$
K_\varphi^{2r}(f, n^{-r})_p \sim \omega_\varphi^{2r}\left(f, \frac{1}{\sqrt{n}}\right)_p. \tag{9.2.1}
$$

下面是本章的主要定理.

定理 9.2.1 对于 $n \geqslant 4r$, $f \in L_p(I)$, $1 \leqslant p \leqslant \infty$, $\varphi(x) = x$ 存在一个常数 $k > 1$ 使得对于 $l \geqslant kn$, 有

$$
K_\varphi^{2r}(f, n^{-r})_p \leqslant C \left(\frac{l}{n}\right)^r (\|G_{n,2r-1}f - f\|_p + \|G_{l,2r-1}f - f\|_p).
$$

证明   为了证明不等式, 选取函数

$$g = G_{n,2r-1}\left(G_{n,2r-1}(f,\cdot),x\right) =: G^2_{n,2r-1}(f,x).$$

由 (9.1.1) 有

$$\|f - g\|_p = \|f - G_{n,2r-1}f + G_{n,2r-1}f - G^2_{n,2r-1}f\|_p$$

$$\leqslant C\|f - G_{n,2r-1}f\|_p. \tag{9.2.2}$$

这样只需要估计 $\varphi^{2r}G^2_{n,2r-1}f$. 在引理 8.1.3 中用 $G^2_{n,2r-1}f$ 代替 f, 用 l 代替 n 可得

$$\left\| G_{l,2r-1}G^2_{n,2r-1}f - G^2_{n,2r-1}f - \frac{A_0}{(2r)!}l^{-r}\varphi^{2r}(G^2_{n,2r-1}f) \right\|_p$$

$$\leqslant Cl^{-r-\frac{1}{2}}\|\varphi^{2r+1}(G^2_{n,2r-1})^{(2r+1)}\|_p + Cl^{-r-1}\|\varphi^{2r}(G^2_{n,2r-1})^{(2r)}\|_p. \tag{9.2.3}$$

现在用引理 8.1.1 和引理 8.1.4 可得

$$\|\varphi^{2r+1}(G^2_{n,2r-1}f)^{(2r+1)}\|_p$$

$$\leqslant C\sqrt{n}\|\varphi^{2r}(G_{n,2r-1}f)^{(2r)}\|_p$$

$$\leqslant C\sqrt{n}\|\varphi^{2r}(G_{n,2r-1}f - G^2_{n,2r-1}f^{(2r)})\|_p + C\sqrt{n}\|\varphi^{2r}(G^2_{n,2r-1}f)^{(2r)}\|_p$$

$$\leqslant C\sqrt{n}n^r\|f - G_{n,2r-1}f\|_p + C\sqrt{n}\|\varphi^{2r}(G^2_{n,2r-1}f)^{(2r)}\|_p. \tag{9.2.4}$$

由 (9.2.2) — (9.2.4) 有

$$\frac{|A_0|}{(2r)!}l^{-r}\|\varphi^{2r}(G^2_{n,2r-1}f)^{(2r)}\|_p$$

$$\leqslant \|G_{l,2r-1}G^2_{n,2r-1}f - G^2_{n,2r-1}f\|_p + C\left(\frac{n}{l}\right)^{-r-\frac{1}{2}}\|f - G_{n,2r-1}\|_p$$

$$+ C\left(l^{-r}\left(\frac{n}{l}\right)^{\frac{1}{2}} + l^{-r-1}\right)\|\varphi^{2r}(G^2_{n,2r-1}f)^{(2r)}\|_p. \tag{9.2.5}$$

注意由 (9.1.1)

$$\|G_{l,2r-1}G^2_{n,2r-1}f - G^2_{n,2r-1}f\|_p$$

$$\leqslant \|G_{l,2r-1}(G^2_{n,2r-1}f - G_{n,2r-1}f)\|_p + \|G_{l,2r-1}(G_{n,2r-1}f - f)\|_p$$

$$+ \|G_{l,2r-1}f - f\|_p + \|f - G_{n,2r-1}f\|_p + \|G_{n,2r-1}f - G^2_{n,2r-1}f\|_p$$

$$\leqslant C(\|G_{n,2r-1}f - f\|_p + \|G_{l,2r-1}f - f\|_p). \tag{9.2.6}$$

现在选取 $l \geqslant kn$ 使得

$$C\left(l^{-r}\left(\frac{n}{l}\right)^{\frac{1}{2}} + l^{-r-1}\right) \leqslant \frac{|A_0|}{2(2r)!}l^{-r}. \tag{9.2.7}$$

由 (9.2.5)–(9.2.7) 有

$$\frac{1}{n^r}\|\varphi^{2r}(G^2_{n,2r-1}f)^{(2r)}\|_p \leqslant C\left(\frac{l}{n}\right)^r\left(\|G_{n,2r-1}f - f\|_p + \|G_{l,2r-1} - f\|_p\right),$$

于是, 结合 (9.2.2) 完成了定理的证明. □

这个定理的证明方法类似于 [8, 16]. 但是注意到引理 8.1.3 中的 (8.1.6) 不同于 [16] 中的 (3.4), 这样不能选取 $\lambda_1(\alpha)$ 和 $\phi(f)$ 来直接用 [16] 中的定理 9.2.1.

利用 $\omega^{2r}_\varphi(f,t)_p$ 和 $K^{2r}_\varphi(f,t^{2r})_p$ 的等价关系 (9.2.1) 以及 [69] 中的正定理, 有下面的推论, 即定理 I.

推论 9.2.3 设 $f \in L_p(I), 1 \leqslant p \leqslant \infty, \varphi(x) = x, n \geqslant 4r,$ 则存在常数 $k \in N$ 使得

$$\omega^{2r}_\varphi\left(f,\frac{1}{\sqrt{n}}\right)_p \sim \|G_{n,2r-1}f - f\|_p + \|G_{kn,2r-1}f - f\|_p. \tag{9.2.8}$$

1. 从 (9.2.8) 容易得到 [69] 中的逆定理 (参见 [69, Theorem 4]).

2. 在 (9.2.8) 中设 $r=1$ 可以得到 Gamma 算子 $G_n(f,x)$ 的 B 型强逆不等式.

第 10 章　Bernstein-Kantorovich 拟内插式算子的强逆不等式

本章利用高阶光滑模证明了 Bernstein-Kantorovich 拟内插式算子 $K_n^{(2r-1)}f$ 的 B 型强逆不等式.

我们声明, 本章中用到的范数为 $\| \cdot \| = \| \cdot \|_\infty$.

10.1　预 备 引 理

在这里, 为了方便读者阅读, 首先给出 Bernstein-Kantorovich 拟内插式算子的定义[53, 75]

$$K_n^{(r)}(f,x) = \sum_{j=0}^{r} \hat{\alpha}_j^n(x) D^j K_n(f,x) =: \sum_{j=0}^{r} \hat{\alpha}_j^n(x) K_{n,j}(f,x),$$

其中 $\hat{\alpha}_j^n(x) \in \Pi_j$ 并且[75]

$$\hat{\alpha}_j^n(x) = \alpha_j^{n+1}(x) + D\alpha_{j+1}^{n+1}(x). \tag{10.1.1}$$

接下来, 给出几个引理.

引理 10.1.1 ([53, (2.1)])　如果 $j \geqslant 1$, $r \in N$, 有

$$|\hat{\alpha}_j^n(x)| \leqslant C n^{-\frac{j}{2}} \delta_n^j(x), \quad |D^R \hat{\alpha}_j^n(x)| \leqslant C n^{\frac{-j+r}{2}} \delta_n^{j-r}(x), \tag{10.1.2}$$

其中 $\delta_n(x) = \varphi(x) + \dfrac{1}{\sqrt{n}} \sim \max\left\{ \varphi(x), \dfrac{1}{\sqrt{n}} \right\}$.

引理 10.1.2　$\hat{\alpha}_{2r}^n(x)$ 的表达式为

$$\hat{\alpha}_{2r}^n(x) = b_{2r}^n \frac{1}{n^{2r}} + b_{2r-1}^n \frac{\varphi^2(x)}{n^{2r-1}} + \cdots + b_r^n \frac{\varphi^{2r}(x)}{n^r}, \tag{10.1.3}$$

其中系数 b_j^n 关于 n 一致有界并且不依赖于 x.

证明　由文 [63, (2.7)] 和文 [75, p236, (B3)], 知道

$$\alpha_j^n(x) = (1-2x)^{d(j)} \left(c_{j-1}^n \frac{\varphi^2(x)}{n^{j-1}} + c_{j-2}^n \frac{\varphi^4(x)}{n^{j-2}} + \cdots + c_{[\frac{j+1}{2}]}^n \frac{\varphi^{2(j-\frac{j+1}{2})}(x)}{n^{[\frac{j+1}{2}]}} \right),$$

$$\tag{10.1.4}$$

其中 $d(2m) = 0$, $d(2m + 1) = 1$, 并且 c_{j-k}^n 关于 n 一致有界并且不依赖于 x.

由 (10.1.1), (10.1.4), 还有 $(1 - 2x)^2 = 1 - 4\varphi^2(x)$, 于是得到

$$D\alpha_{2r+1}^{n+1}(x)$$

$$=D\left[(1 - 2x)\left(c_{2r}^{n+1}\frac{\varphi^2(x)}{(n+1)^{2r}} + \cdots + c_{r+1}^{n+1}\frac{\varphi^{2r}(x)}{(n+1)^{r+1}}\right)\right]$$

$$= -2\left(c_{2r}^{n+1}\frac{n^{2r}}{(n+1)^{2r}}\frac{\varphi^2(x)}{n^{2r}} + \cdots + c_{r+1}^{n+1}\frac{n^{r+1}}{(n+1)^{r+1}}\frac{\varphi^{2r}(x)}{n^{r+1}}\right)$$

$$\quad + (1 - 2x)\left(c_{2r}^{n+1}(1-2x)\frac{1}{(n+1)^{2r}} + \cdots + c_{r+1}^{n+1}r(1-2x)\frac{\varphi^{2r-2}(x)}{(n+1)^{r+1}}\right)$$

$$= -2\varphi^2(x)\left(c_{2r}^{n+1}\frac{n^{2r}}{(n+1)^{2r}}\frac{1}{n^{2r}} + \cdots + c_{r+1}^{n+1}\frac{n^{r+1}}{(n+1)^{r+1}}\frac{\varphi^{2r-2}(x)}{n^{r+1}}\right)$$

$$\quad + \left(1 - 4\varphi^2(x)\right)\left(c_{2r}^{n+1}\frac{n^{2r}}{(n+1)^{2r}}\frac{1}{n^{2r}} + \cdots + c_{r+1}^{n+1}r\frac{n^{r+1}}{(n+1)^{r+1}}\frac{\varphi^{2r-2}(x)}{n^{r+1}}\right)$$

$$=a_{2r}^n\frac{1}{n^{2r}} + a_{2r-1}^n\frac{\varphi^2(x)}{n^{2r-1}} + \cdots + a_{r+1}^n\frac{\varphi^{2r}(x)}{n^{r+1}}, \tag{10.1.5}$$

其中 a_j^n 关于 n 一致有界并且不依赖于 x.

利用 (10.1.1), (10.1.5) 式以及

$$a_{2r}^{n+1}(x) = c_{2r-1}^{n+1}\frac{n^{2r-1}}{(n+1)^{2r-1}}\frac{\varphi^2(x)}{n^{2r-1}} + \cdots + c_r^{n+1}\frac{n^r}{(n+1)^r}\frac{\varphi^{2r}(x)}{n^r},$$

就可等到 (10.1.3) 式. $\square$

引理 10.1.3 对于 $E_n = \left[\dfrac{1}{n}, 1 - \dfrac{1}{n}\right]$, $\varphi(x) = \sqrt{x(1-x)}$, $f \in W^{2r+1}(\varphi)$ 以及 $R_{2r+1}(f, t, x) = \dfrac{1}{(2r)!}\displaystyle\int_x^t (t-u)^{2r} f^{(2r+1)}(u)du$, 有

$$\| K_n^{(2r-1)}(R_{2r+1}(f, \cdot, x), x) \|_{E_n} \leqslant Cn^{-r-\frac{1}{2}}\| \varphi^{2r+1}f^{(2r+1)} \|. \tag{10.1.6}$$

证明 令 $a_k(n+1) = (n+1)\displaystyle\int_{\frac{k}{n+1}}^{\frac{k+1}{n+1}} f(t)dt$, 对于 $x \in E_n$, 由文 [18, (9.4.8)], 有

$$|D^j K_n(f, x)| = |K_{n,j}(f, x)|$$

$$\leqslant C\sum_{i=0}^j \left(\frac{n}{x(1-x)}\right)^{\frac{j+i}{2}}\sum_{k=0}^n p_{n,k}(x)\left|\frac{k}{n} - x\right|^i\left|a_k(n+1)\right|.$$

于是对于 $x \in E_n$, 有

$$|K_n^{(2r-1)}(R_{2r+1}(f,\cdot,x),x)|$$

$$\leqslant \sum_{j=0}^{2r-1} |\hat{\alpha}_j^n(x)||K_{n,j}(R_{2r+1}(f,\cdot,x),x)|$$

$$\leqslant C \sum_{j=0}^{2r-1} |\hat{\alpha}_j^n(x)| \sum_{i=0}^{j} \left(\frac{n}{x(1-x)}\right)^{\frac{i+i}{2}} \sum_{k=0}^{n} p_{n,k}(x)\left|\frac{k}{n}-x\right|^i |\bar{a}_k(n+1)|,$$

其中

$$\bar{a}_k(n+1) = \frac{n+1}{(2r)!} \int_{\frac{k}{n+1}}^{\frac{k+1}{n+1}} \int_{x}^{t} (t-u)^{2r} f^{(2r+1)}(u) du dt.$$

由文 [18, (9.6.1)],

$$|R_{2R+1}(f,t,x)| \leqslant \frac{|t-x|^{2r}}{\varphi^{2r+1}(x)} \left|\int_{x}^{t} \varphi^{2r+1}(u) f^{2r+1}(u) du\right|$$

$$\leqslant \| \varphi^{2r+1} f^{2r+1} \| \frac{|t-x|^{2r+1}}{\varphi^{2r+1}(x)},$$

得到

$$\bar{a}_k(n+1) \leqslant \frac{n+1}{(2r)!} \leqslant \| \varphi^{2r+1} f^{2r+1} \| \varphi^{-(2r+1)}(x) \int_{\frac{k}{n+1}}^{\frac{k+1}{n+1}} |t-x|^{2r+1} dt.$$

于是对于 $x \in E_n$, 就有

$$|K_n^{(2r-1)}(R_{2r+1}(f,\cdot,x),x)|$$

$$\leqslant C \| \varphi^{2r+1} f^{2r+1} \| \varphi^{-(2r+1)}(x) \sum_{j=0}^{2r-1} |\hat{\alpha}_j^n(x)| \sum_{i=0}^{j} \left(\frac{\sqrt{n}}{\varphi(x)}\right)^{j+i}$$

$$\times \sum_{k=0}^{n} p_{n,k}(x)\left|\frac{k}{n}-x\right|^i (n+1) \int_{\frac{k}{n+1}}^{\frac{k+1}{n+1}} |t-x|^{2r+1} dt$$

$$\leqslant C \| \varphi^{2r+1} f^{2r+1} \| \varphi^{-(2r+1)}(x) \sum_{j=0}^{2r-1} |\hat{\alpha}_j^n(x)| \sum_{i=0}^{j} \left(\frac{\sqrt{n}}{\varphi(x)}\right)^{j+i}$$

$$\times \left(\sum_{k=0}^{n} p_{n,k}(x)\left(\frac{k}{n}-x\right)^{2i}\right)^{\frac{1}{2}} \left(\sum_{k=0}^{n} p_{n,k}(x)(n+1) \int_{\frac{k}{n+1}}^{\frac{k+1}{n+1}} (t-x)^{4r+2} dt\right)^{\frac{1}{2}},$$

对于 $x \in E_n$, 利用文 [18, (9.4.14)] 得到

$$\left(\sum_{k=0}^{n} p_{n,k}(x) \left(\frac{k}{n}-x\right)^{2i}\right)^{\frac{1}{2}} \leqslant C \frac{\varphi^i(x)}{n^{\frac{i}{2}}},$$

$$\left(\sum_{k=0}^{n} p_{n,k}(x)(n+1) \int_{\frac{k}{n+1}}^{\frac{k+1}{n+1}} (t-x)^{4r+2} dt \right)^{\frac{1}{2}} \leqslant C \frac{\varphi^{2r+1}(x)}{n^{r+\frac{1}{2}}}.$$

再由 (10.1.2), $x \in E_n$, $|\hat{\alpha}_j^n(x)| \leqslant Cn^{-\frac{j}{2}} \varphi_n^j(x)$. 于是就得到了 (10.1.6) 式. $\qquad\square$

引理 10.1.4　对于 $n \geqslant 2r$, 有

$$K_n^{(2r-1)}\big((t-x)^{2r}, x\big)$$

$$= (-1)^{r+1} n^{-r} \varphi^{2r}(x) \frac{(2r)!}{2^r (r!)} + \varphi^{2r}(x) o\left(\frac{1}{n^r}\right)$$

$$+ (2r)! \left(b_{2r}^n \frac{1}{n^{2r}} + b_{2r-1}^n \frac{\varphi^2(x)}{n^{2r-1}} + \cdots + b_{r+1}^n \frac{\varphi^{2r-2}(x)}{n^{r+1}} \right) \left(1 + O\left(\frac{1}{n}\right) \right),$$

$$\tag{10.1.7}$$

其中 b_j^n 关于 n 一致有界并且不依赖于 x.

证明　容易知道 $K_n^{(2r)}\big((t-x)^{2r}, x\big) = 0$. 同时

$$K_n^{(2r)}(f, x) - K_n^{(2r-1)}(f, x) = \sum_{j=0}^{2r} \hat{\alpha}_j^n(x) K_{n,j}(f, x) - \sum_{j=0}^{2r-1} \hat{\alpha}_j^n(x) K_{n,j}(f, x)$$

$$= \hat{\alpha}_{2r}^n(x) K_{n,2r}(f, x),$$

于是得到

$$K_n^{(2r-1)}\big((t-x)^{2r}, x\big) = -\hat{\alpha}_{2r}^n(x) K_{n,2r}\big((t-x)^{2r}, x\big).$$

利用文 [18, (9.4.4)], 有

$$D^{2r} K_n(f, x) = \frac{n!}{(n-2r)!} \sum_{k=0}^{n-2r} p_{n-2r,k}(x) \Delta^{2r} a_k(n+1),$$

其中

$$a_k(n+1) = (n+1) \int_{\frac{k}{n+1}}^{\frac{k+1}{n+1}} f(t) dt, \quad \Delta a_k = a_{k+1} - a_k, \quad \Delta^m a_k = \Delta(\Delta^{m-1} a_k)$$

和

$$\Delta^m a_k(n+1) = \Delta^m (n+1) \int_{\frac{k}{n+1}}^{\frac{k+1}{n+1}} f(t) dt$$

$$= \Delta^m (n+1) \int_0^{\frac{1}{n+1}} f\left(\frac{k}{n+1} + t\right) dt$$

$$= (n+1) \int_0^{\frac{1}{n+1}} \int_0^{\frac{1}{n+1}}$$

$$\cdots \int_0^{\frac{1}{n+1}} f^{(m)}\left(\frac{k}{n+1} + u_1 + u_2 + \cdots + u_m + t\right) du_1 \cdots du_m dt,$$

就有

$$K_{n,2r}\left((t-x)^{2r}, x\right) = \frac{n!(2r)!}{(n-2r)!(n+1)^{2r}} = (2r)!\left(1 + O\left(\frac{1}{n}\right)\right).$$

于是有

$$K_n^{(2r-1)}\left((t-x)^{2r}, x\right) = -(2r)!\hat{\alpha}_{2r}^n(x)\left(1 + O\left(\frac{1}{n}\right)\right). \tag{10.1.8}$$

再由文 [75, 定理 4.2 (i) 和表 2], 知道 $\lim\limits_n n^r\hat{\alpha}_{2r}^n(x)$ 存在, 并且

$$\lim_n n^r\hat{\alpha}_{2r}^n(x) = \frac{(-1)^r\varphi^{2r}(x)}{2^r(r)!}. \tag{10.1.9}$$

由 (10.1.3) 和 (10.1.9) 式, 就有

$$\lim_n b_r^n\varphi^{2r}(x) = \frac{(-1)^r\varphi^{2r}(x)}{2^r(r)!},$$

于是

$$\lim_n b_r^n = \frac{(-1)^r}{2^r(r)!},$$

则有

$$b_r^n = (-1)^r 2^{-r}\frac{1}{r!}\left(1 + O(1)\right) \quad (n \to \infty).$$

结合 (10.1.3), (10.1.8) 和 (10.1.9) 式就可得到 (10.1.7) 式. 　　　$\square$

引理 10.1.5　当 $f \in W^{2r}(\varphi)$ 时, 有

$$\| \varphi^{2r+1}D^{2r+1}(K_n^{(2r-1)}f) \| \leqslant C\sqrt{n} \| \varphi^{2r}f^{2r} \|. \tag{10.1.10}$$

证明　首先证明当 $x \in E_n$ 时, 对于算子 $K_n(f, x)$, 有

$$|\varphi^{2r+m}D^{2r+m}K_n(f, x)| \leqslant Cn^{\frac{m}{2}} \| \varphi^{2r}f^{2r} \|. \tag{10.1.11}$$

利用文 [18, (9.4.4), (9.4.8)], 对于 $x \in E_n$, 有

$$\left|D^{2r+m}K_n(f, x)\right|$$

$$= \left|D^m \sum_{k=0}^{n-2r} \frac{n!}{(n-2r)!}p_{n-2r,k}(x)\Delta^{2r}a_k(n+1)\right|$$

$$\leqslant \frac{n!}{(n-2r)!} \sum_{k=0}^{n-2r} \left|D^m p_{n-2r,k}(x)\right|\left|\Delta^{2r}a_k(n+1)\right|$$

$$\leqslant C\frac{n!}{(n-2r)!} \sum_{k=0}^{n-2r} \left\{\sum_{i=0}^{m}\left(\frac{\sqrt{n}}{\varphi(x)}\right)^{m+i}\left|\frac{k}{n-2r}-x\right|^i\right\} p_{n-2r,k}(x)\left|\Delta^{2r}a_k(n+1)\right|.$$

参考文 [18, p153–155] 中的推导过程, 有

$$\left| \frac{n!}{(n-2r)!} x^r (1-x)^r p_{n-2r,k}(x) \Delta^{2r} a_k(n+1) \right|$$

$$= p_{n,k+r}(x)(k+r)\cdots(k+1)(n-r-k)\cdots(n-2r-k+1)|\Delta^{2r}a_k(n+1)|$$

$$\leqslant C \begin{cases} n^r p_{n,r}(x)|\Delta^{2r}a_0(n+1)|, & k=0, \\ n^r p_{n,n-r}(x)|\Delta^{2r}a_{n-2r}(n+1)|, & k=n-2r, \\ n^{2r} p_{n,k+r}(x)\left(\dfrac{k}{n}\left(1-\dfrac{k}{n}\right)\right)^r |\Delta^{2r}a_k(n+1)|, & 0<k<n-2r \end{cases}$$

$$\leqslant C p_{n,k+r}(x) \parallel \varphi^{2r} f^{2r} \parallel .$$

于是对于 $x \in E_n(n\varphi^2(x) \geqslant 1)$, 就有

$$\left| \varphi^{2r+m} D^{2r+m} K_n(f,x) \right|$$

$$\leqslant C \sum_{k=0}^{n-2r} \varphi^m(x) \parallel \varphi^{2r} f^{2r} \parallel \sum_{i=0}^{m} \left(\frac{\sqrt{n}}{\varphi(x)} \right)^{m+i} \left| \frac{k}{n-2r} - x \right|^i p_{n,k+r}(x)$$

$$\leqslant C n^{\frac{m}{2}} \parallel \varphi^{2r} f^{2r} \parallel \sum_{k=0}^{n-2r} \sum_{i=0}^{m} \left(\frac{\sqrt{n}}{\varphi(x)} \right)^i \left\{ \left| \frac{k+r}{n} - x \right|^i + \left| \frac{k}{n-2r} - \frac{k+r}{n} \right|^i \right\} p_{n,k+r}(x)$$

$$\leqslant C n^{\frac{m}{2}} \parallel \varphi^{2r} f^{2r} \parallel \sum_{i=0}^{m} \left(\frac{\sqrt{n}}{\varphi(x)} \right)^i \left\{ \left(\sum_{k=0}^{n-2r} \left(\frac{k+r}{n} - x \right)^{2r} p_{n,k+r}(x) \right)^{\frac{1}{2}} + \frac{1}{n^i} \right\}$$

$$\leqslant C n^{\frac{m}{2}} \parallel \varphi^{2r} f^{2r} \parallel d \sum_{i=0}^{m} \left(\frac{\sqrt{n}}{\varphi(x)} \right)^i \left(\frac{\varphi^i(x)}{n^{\frac{i}{2}}} + \frac{1}{n^i} \right)$$

$$\leqslant C n^{\frac{m}{2}} \parallel \varphi^{2r} f^{2r} \parallel .$$

这样就得到了 (10.1.11).

下面证明 (10.1.10) 式. 对于 $x \in E_n$, 利用 (10.1.11) 和 (10.1.2) 式, 就有

$$\left| \varphi^{2r+1}(x) D^{2r+1} \sum_{j=0}^{2r-1} \hat{\alpha}_j^n(x) K_{n,j}(f,x) \right|$$

$$\leqslant \sum_{j=0}^{2r-1} \sum_{i=0}^{j} \varphi^{2r+1}(x) \binom{2r+1}{i} |D^i \hat{\alpha}_j^n(x)| |K_{n,2r+1+j-i}(f,x)|$$

$$\leqslant C \sum_{j=0}^{2r-1} \sum_{i=0}^{j} \varphi^{2r+1}(x) n^{\frac{-j+i}{2}} \varphi^{j-i}(x) |K_{n,2r+1+j-i}(f,x)|$$

$$\leqslant C \sum_{j=0}^{2r-1} \sum_{i=0}^{j} n^{\frac{-j+i}{2}} n^{\frac{j-i+1}{2}} \parallel \varphi^{2r} f^{2r} \parallel$$

$$\leqslant C \sqrt{n} \parallel \varphi^{2r} f^{2r} \parallel .$$

于是

$$\| \varphi^{2r+1} D^{2r+1}(K_n^{2r-1}f) \|_{E_n} \leqslant C\sqrt{n} \| \varphi^{2r} f^{2r} \|. \tag{10.1.12}$$

由于 $(\varphi^{2r+1}(x)D^{2r+1}K_n^{2r-1}(f,x))^2$ 是多项式, 利用文 [18, 定理 8.4.8] 中加权逼近的结果将区间 $[-1,1]$ 变成 $[0,1]$ 就可得到 (可参考文 [63, (3.12)])

$$\| (\varphi^{2r+1}(x)D^{2r+1}(K_n^{2r-1}f))^2 \|_{[0,1]}$$
$$\leqslant M \| (\varphi^{2r+1}D^{2r+1}(K_n^{2r-1}f))^2 \|_{E_n}, \tag{10.1.13}$$

其中 M 不依赖于 n, 利用此式和 (10.1.12) 就可得到 (10.1.10) 式. □

引理 10.1.6 (见文 [53] (3.1) 式中 $\lambda = 1$ 的情形)　当 $f \in L_\infty[0,1]$ 时, 有

$$\| \varphi^{2r} D^{2r}(K_n^{2r-1}f) \| \leqslant Cn^r \| f \|. \tag{10.1.14}$$

引理 10.1.7　当 $f \in W^{2r+1}(\varphi)$, 有

$$K_n^{2r-1}(f,x) - f(x) - \frac{(-1)^{r+1}\varphi^{2r}(x)}{2^r n^r r!} f^{(2r)}(x)$$
$$= o\left(\frac{1}{n^r}\right) \varphi^{2r}(x) f^{2r}(x)$$
$$+ \left(b_{2r}^n \frac{1}{n^{2r}} + b_{2r-1}^n \frac{\varphi^2(x)}{n^{2r-1}} + \cdots + b_{r+1}^n \frac{\varphi^{2r-2}(x)}{n^{r+1}}\right) f^{(2r)}(x) \left(1 + O\left(\frac{1}{n}\right)\right)$$
$$+ K_n^{2r-1}(R_{2r+1}(f,\cdot,x),x), \tag{10.1.15}$$

其中 $\{b_{2r-1}^n, \cdots, b_{r+1}^n\}$ 关于 n 一致有界并且不依赖于 x.

证明　利用 Taylor 公式, 把 f 按如下展开

$$f(t) = f(x) + (t-x)f'(x) + \cdots + \frac{(t-x)^{2r}}{(2r)!} f^{2r}(x) + R_{2r+1}(f,t,x),$$

其中 $R_{2r+1}(f,t,x) = \frac{1}{(2r)!} \int_x^t (t-u)^{2r} f^{(2r+1)}(u) du.$

又当 $p \in \Pi_{2r-1}$ 时, 有 $K_n^{2r-1}p = p$ 就可得到[53, 75]

$$K_n^{2r-1}(f,x) - f(x) = K_n^{2r-1}\left(\frac{(t-x)^{2r}}{(2r)!}, x\right) f^{(2r)}(x) + K_n^{2r-1}(R_{2r+1}(f,\cdot,x),x).$$

再利用引理 10.1.4 就可得到 (10.1.15) 式. □

10.2 主要定理的证明

这一节中将要证明本章的主要结论.

定理 10.2.1 如果 $f \in L_\infty[0,1]$, $\varphi(x) = \sqrt{x(1-x)}$, $n \geqslant 4r$, $r \in N$, 那么存在一个常数 k, 当 $l \geqslant kn$ 时, 有

$$w_\varphi^{2r}\left(f, \frac{1}{\sqrt{n}}\right) \leqslant C\left(\frac{l}{n}\right)^r \left(\parallel K_n^{(2r-1)}f - f \parallel_\infty + \parallel K_l^{(2r-1)}f - f \parallel_\infty\right).$$

为此目的, 先对 K-泛函 $K_\varphi^{2r}(f, n^{-r})$ 进行估计. 设 $g = K_n^{(2r-1)}\left(K_n^{(2r-1)}f\right) =: K_n^{2(2r-1)}f$. 由 K-泛函的定义以及 $K_n^{(2r-1)}$ 的有界性[75], 就有

$$K_\varphi^{2r}(f, n^{-r})$$
$$\leqslant \parallel f - g \parallel + n^{-r} \parallel \varphi^{2r}g^{(2r)} \parallel$$
$$= \parallel f - K_n^{2(2r-1)}f \parallel + n^{-r} \parallel \varphi^{2r}D^{2r}K_n^{2(2r-1)}f \parallel$$
$$\leqslant \parallel f - K_n^{2r-1}f \parallel + \parallel K_n^{2r-1}f - K_n^{2(2r-1)}f \parallel + n^{-r} \parallel \varphi^{2r}D^{2r}K_n^{2(2r-1)}f \parallel$$
$$\leqslant C \parallel f - K_n^{2r-1}f \parallel + n^{-r} \parallel \varphi^{2r}D^{2r}K_n^{2(2r-1)}f \parallel.$$

于是只需用估计 $\varphi^{2r}g^{(2r)} = \varphi^{2r}D^{2r}\left(K_n^{2(2r-1)}f\right)$. 利用引理 10.1.7, 将其中的 f 和 n 分别用 $g = K_n^{2(2r-1)}f$ 和 l 代替, 就有

$$K_l^{2r-1}(g, x) - g(x) - \frac{(-1)^{r+1}\varphi^{2r}(x)}{2^r l^r (r!)}g^{2r}(x)$$
$$= o\left(\frac{1}{l^r}\right)\varphi^{2r}(x)g^{2r}(x)$$
$$+ \left(b_{2r}^l \frac{1}{l^{2r}} + b_{2r-1}^l \frac{\varphi^2(x)}{l^{2r-1}} + \cdots + b_{r+1}^l \frac{\varphi^{2r-2}(x)}{l^{r+1}}\right)g^{(2r)}(x)\left(1 + O\left(\frac{1}{l}\right)\right)$$
$$+ K_l^{2r-1}(R_{2r+1}(g, \cdot, x), x), \tag{10.2.1}$$

由于当 $x \in E_n$ 时, $n\varphi^2(x) \geqslant 1$, 那么有

$$\left|\frac{1}{l^{2r}}g^{(2r)}(x)\right| = \left|\frac{n^r\varphi^{2r}(x)}{l^{2r}n^r\varphi^{2r}(x)}g^{(2r)}(x)\right| \leqslant \frac{1}{l^r}\left(\frac{n}{l}\right)^r \parallel \varphi^{2r}g^{(2r)} \parallel,$$

$$\left|\frac{\varphi^{2r}(x)}{l^{2r-1}}g^{(2r)}(x)\right| = \left|\frac{n^{r-1}\varphi^{2r}(x)}{l^{2r-1}n^{r-1}\varphi^{2r-2}(x)}g^{(2r)}(x)\right| \leqslant \frac{1}{l^r}\left(\frac{n}{l}\right)^{r-1} \parallel \varphi^{2r}g^{(2r)} \parallel,$$

$$\cdots\cdots$$

$$\left|\frac{\varphi^{2r-2}(x)}{l^{r+1}}g^{(2r)}(x)\right| = \left|\frac{n\varphi^{2r}(x)}{l^{r+1}n\varphi^2(x)}g^{(2r)}(x)\right| \leqslant \frac{1}{l^r}\left(\frac{n}{l}\right) \parallel \varphi^{2r}g^{(2r)} \parallel. \tag{10.2.2}$$

由引理 10.1.4, 有

$$\| K_l^{(2r-1)}(R_{2r+1}(g,\cdot,x),x) \|_{E_n} \leqslant Cl^{-r-\frac{1}{2}} \| \varphi^{2r+1}g^{(2r+1)} \| . \tag{10.2.3}$$

利用 (10.2.1)–(10.2.3) 式, 就得到

$$\frac{1}{2^r l^r (r!)} \| \varphi^{2r}g^{(2r)} \|_{E_n}$$

$$\leqslant \| K_l^{(2r-1)}g - g \| + o\left(\frac{1}{l^r}\right) \| \varphi^{2r}g^{(2r)} \|$$

$$+ C\frac{1}{l^r}\left[\left(\frac{n}{l}\right)^r + \left(\frac{n}{l}\right)^{r-1} + \cdots + \left(\frac{n}{l}\right)\right]\left(1 + O\left(\frac{1}{l}\right)\right) \| \varphi^{2r}g^{(2r)} \|$$

$$+ Cl^{-r-\frac{1}{2}} \| \varphi^{2r+1}g^{(2r+1)} \| . \tag{10.2.4}$$

下面估计 (10.2.4) 式右端第一项和最后一项. 由 $K_n^{(2r-1)}f$ 的有界性, 即有

$$\| K_l^{(2r-1)}g - g \|$$

$$= \| K_l^{(2r-1)}(K_n^{2(2r-1)}f) - K_n^{2(2r-1)}f \|$$

$$\leqslant \| K_l^{(2r-1)}(K_n^{2(2r-1)}f - K_n^{(2r-1)}f) \| + \| K_l^{(2r-1)}(K_n^{(2r-1)}f - f) \|$$

$$+ \| K_l^{(2r-1)}f - f \| + \| f - K_n^{(2r-1)}f \| + \| K_n^{(2r-1)}(f - K_n^{(2r-1)}f) \|$$

$$\leqslant C(\| K_n^{(2r-1)}f - f \| + \| K_l^{(2r-1)}f - f \|). \tag{10.2.5}$$

利用 (10.1.10) 和 (10.1.14), 就得到

$$\| \varphi^{2r+1}g^{(2r+1)} \|$$

$$= \| \varphi^{2r+1}D^{2r+1}(K_n^{2(2r-1)}f) \| \leqslant C\sqrt{n} \| \varphi^{2r}D^{2r}(K_n^{2(2r-1)}f) \|$$

$$\leqslant C\sqrt{n}(\| \varphi^{2r}D^{2r}(K_n^{2(2r-1)}f) \| + \| \varphi^{2r}D^{2r}(K_n^{(2r-1)}(K_n^{(2r-1)}f - f)) \|)$$

$$\leqslant C\sqrt{n}(\| \varphi^{2r}g^{(2r)} \| + n^r \| K_n^{(2r-1)}f - f \|). \tag{10.2.6}$$

再结合 (10.2.4)–(10.2.6) 式, 就有

$$\frac{1}{2^r l^r (r!)} \| \varphi^{2r}g^{(2r)} \|_{E_n}$$

$$\leqslant C\left(\| K_n^{(2r-1)}f - f \| + \| K_l^{(2r-1)}f - f \|\right)$$

$$+ C\left(\frac{n}{l}\right)^{r+\frac{1}{2}} \| K_n^{(2r-1)}f - f \| + Cl^{-r} \| \varphi^{2r}g^{(2r)} \|$$

$$+ C\frac{1}{l^r}\left[\left(\frac{n}{l}\right)^r + \left(\frac{n}{l}\right)^{r-1} + \cdots + \frac{n}{l} + o(1)\right] \| \varphi^{2r}g^{(2r)} \| . \tag{10.2.7}$$

由于 $\varphi^{2r} g^{(2r)} = \varphi^{2r} D^{2r} \left(K_n^{2(2r-1)} f \right)$ 是多项式, 利用和证明 (10.1.13) 式同样的方法得到

$$\| \varphi^{2r} g^{2r} \|_{[0,1]} \leqslant M \| \varphi^{2r} g^{2r} \|_{E_n}, \tag{10.2.8}$$

其中 M 和 n 无关. 利用 (10.2.7) 和 (10.2.8) 时, 得到

$$\frac{1}{2^r l^r (r!)} \| \varphi^{2r} g^{(2r)} \|_{[0,1]}$$

$$\leqslant \frac{M}{2^r l^r (r!)} \| \varphi^{2r} g^{(2r)} \|_{E_n}$$

$$\leqslant CM \left(\| K_n^{(2r-1)} f - f \| + \| K_l^{(2r-1)} f - f \| \right) + CM \left(\frac{n}{l} \right)^{r+\frac{1}{2}} \| K_n^{(2r-1)} f - f \|$$

$$+ CM \frac{1}{l^r} \left[\left(\frac{n}{l} \right)^r + \left(\frac{n}{l} \right)^{r-1} + \cdots + \frac{n}{l} + \left(\frac{n}{l} \right)^{\frac{1}{2}} + o(1) \right] \| \varphi^{2r} g^{(2r)} \| . \tag{10.2.9}$$

对于足够大的 k 适当选择 $l \geqslant kn$, 使得下式成立

$$CM \frac{1}{l^r} \left[\left(\frac{n}{l} \right)^r + \left(\frac{n}{l} \right)^{r-1} + \cdots + \frac{n}{l} + \left(\frac{n}{l} \right)^{\frac{1}{2}} + o(1) \right] \leqslant \frac{1}{2 \cdot 2^r l^r (r!)}. \tag{10.2.10}$$

由 (10.2.9) 和 (10.2.10) 式, 就有

$$\frac{1}{2 \cdot 2^r l^r (r!)} \| \varphi^{2r} g^{(2r)} \| \leqslant C \left\{ \| K_n^{(2r-1)} f - f \| + \| K_l^{(2r-1)} f - f \| \right\}.$$

于是

$$K_\varphi^{2r}(f, n^{-r})$$

$$\leqslant C \| f - K_n^{(2r-1)} f \| + n^{-r} \| \varphi^{2r} g^{(2r)} \|$$

$$\leqslant C \| f - K_n^{(2r-1)} f \| + C \left(\frac{l}{n} \right)^r \left(\| K_n^{(2r-1)} f - f \| + \| K_l^{(2r-1)} f - f \| \right)$$

$$\leqslant C \left(\frac{l}{n} \right)^r \left(\| K_n^{(2r-1)} f - f \| + \| K_l^{(2r-1)} f - f \| \right).$$

再利用 K-泛函与光滑模之间的关系式, 有

$$w_\varphi^{2r} \left(f, \frac{1}{\sqrt{n}} \right) \leqslant C \left(\frac{l}{n} \right)^r (\| K_n^{(2r-1)} f - f \| + \| K_l^{(2r-1)} f - f \|).$$

至此就完成了定理 10.2.1, 也就是定理 I 的证明.

第 11 章　Bernstein-Durrmeyer 拟内插式算子的强逆不等式

本章中用高阶光滑模讨论 Bernstein-Durrmeyer 拟内插式算子 $M_n^{(2r-1)}f$ 的 B 型强逆不等式. 11.1 节中证明几个关键引理, 在 11.2 节中利用这些引理得到主要结果.

11.1　预备引理

引理 11.1.1 (参见 [45, 19])　对于 $j \geqslant 1$, $r \in N$, 有

$$| \alpha_j^n(x) | \leqslant Cn^{-\frac{j}{2}}\delta_n^j(x), \quad | D^r\alpha_j^n(x) | \leqslant Cn^{-\frac{j+r}{2}}\delta_n^{j-r}(x), \tag{11.1.1}$$

这里 $\delta_n(x) = \varphi(x) + \dfrac{1}{\sqrt{n}} \sim \max\left\{\varphi(x), \dfrac{1}{\sqrt{n}}\right\}$.

引理 11.1.2　设 $E_n = \left[\dfrac{1}{n}, 1 - \dfrac{1}{n}\right]$, $\varphi(x) = \sqrt{x(1-x)}$, $f \in W^{2r+1}(\varphi)$ 以及 $R_{2r+1}(f, t, x) = \dfrac{1}{(2r)!}\displaystyle\int_x^t (t-u)^{2r}f^{(2r+1)}(u)du$, 那么对于 $1 < p \leqslant \infty$, 有

$$\| M_n^{(2r-1)}\big(R_{2r+1}(f, \cdot, x), x\big) \|_p^{E_n} \leqslant Cn^{-r-\frac{1}{2}} \| \varphi^{2r+1}f^{(2r+1)} \|_p.$$

证明　设 $\psi(u) = \varphi^{2r+1}(u)f^{(2r+1)}(u)$, $G(x) = M(\psi, x) = \sup\limits_t \left|\dfrac{1}{t-x}\right| \left|\displaystyle\int_x^t \psi(u)|du\right|$, 也就是 $G(x)$ 是 ψ 的最大函数. 注意到[75]

$$| D^j p_{n,k}(x) | \leqslant C \sum_{i=0}^j \left(\frac{\sqrt{n}}{\varphi(x)}\right)^{j+i} \left|\frac{k}{n} - x\right|^i p_{n,k}(x), \quad x \in E_n,$$

于是对于 $x \in E_n$, 有

$$|D^j M_n(f, x)| = |M_{n,j}(f, x)| \leqslant C \sum_{i=0}^j \left(\frac{\sqrt{n}}{\varphi(x)}\right)^{j+i} \sum_{k=0}^n p_{n,k}(x) \left|\frac{k}{n} - x\right|^i |a_k(n)|,$$

这里 $a_k(n) = (n+1)\int_0^1 p_{n,k}(t)f(t)dt$. 所以对于 $x \in E_n$,

$$| M_n^{(2r-1)}(R_{2r+1}(f,\cdot,x),x) |$$

$$\leqslant \sum_{j=0}^{2r-1} |\alpha_j^n(x)||M_{n,j}(R_{2r+1}(f,\cdot,x),x)|$$

$$\leqslant C \sum_{j=0}^{2r-1} |\alpha_j^n(x)| \sum_{i=0}^{j} \left(\frac{\sqrt{n}}{\varphi(x)}\right)^{j+i} \sum_{k=0}^{n} p_{n,k}(x)\left|\frac{k}{n}-x\right|^i|\overline{a}_k(n)|$$

$$=:C \sum_{j=0}^{2r-1} I_j,$$

这里 $\overline{a}_k(n) = \dfrac{n+1}{(2r)!}\int_0^1 p_{n,k}(t)\int_x^t (t-u)^{2r}f^{(2r+1)}(u)dudt$.

利用 [18, (9.6.1)], 有

$$|\overline{a}_k(n)| = \frac{n+1}{(2r)!}\int_0^1 p_{n,k}(t)\left|\int_x^t \frac{(t-u)^{2r}}{\varphi^{(2r+1)}(u)}\varphi^{(2r+1)}(u)f^{(2r+1)}(u)du\right|dt$$

$$\leqslant \frac{n+1}{(2r)!}\varphi^{-(2r+1)}(x)G(x)\int_0^1 p_{n,k}(t)|t-x|^{2r+1}dt.$$

这样的话, 对于 $x \in E_n$, 利用 Hölder 不等式, 有

$$\| I_j \|_p^{E_n}$$

$$\leqslant \| G(x) \|_p \left\| \alpha_j^n(x)\varphi^{-(2r+1)}(x) \sum_{i=0}^{j} \left(\frac{\sqrt{n}}{\varphi(x)}\right)^{j+i} \sum_{k=0}^{n} p_{n,k}(x)\left|\frac{k}{n}-x\right|^i \right.$$

$$\left. \times (n+1)\int_0^1 p_{n,k}(t)|t-x|^{2r+1}dt \right\|_p^{E_n}$$

$$\leqslant \| G(x) \|_p \left\| \alpha_j^n(x)\varphi^{-(2r+1)}(x) \sum_{i=0}^{j} \left(\frac{\sqrt{n}}{\varphi(x)}\right)^{j+i} \left(\sum_{k=0}^{n} p_{n,k}(x)\left(\frac{k}{n}-x\right)^{2i}\right)^{1/2} \right.$$

$$\left. \times \left(\sum_{k=0}^{n} p_{n,k}(x)(n+1)\int_0^1 p_{n,k}(t)(t-x)^{4r+2}dt\right)^{1/2} \right\|_p^{E_n}.$$

由 [18, (9.4.14)] 以及 [15, (6.4)], 对于 $x \in E_n$, 有

$$\left(\sum_{k=0}^{n} p_{n,k}(x)\left(\frac{k}{n}-x\right)^{2i}\right)^{1/2} \leqslant C\frac{\varphi^i(x)}{n^{\frac{i}{2}}},$$

$$\left(\sum_{k=0}^{n} p_{n,k}(x)(n+1)\int_0^1 p_{n,k}(t)(t-x)^{4r+2}dt\right)^{\frac{1}{2}} \leqslant C\frac{\varphi^{2r+1}(x)}{n^{r+\frac{1}{2}}}.$$

结合 (11.1.1), 有

$$\|G(x)\|_p \leqslant C_p \|\varphi^{2r+1} f^{(2r+1)}\|_p,$$

这样的话, 就完成了证明.　　　　　　　　　　　　　　　　　　　　　　□

引理 11.1.3　对于 $n \geqslant 2r$, 有

$$M_n^{(2r-1)}\big((t-x)^{2r}, x\big)$$
$$= (-1)^{r+1} n^{-r} \varphi^{2r}(x) \frac{(2r)!}{2^r(r!)} + \varphi^{2r}(x) o\left(\frac{1}{n^r}\right)$$
$$+ (2r)! \left(b_{2r}^n \frac{1}{n^{2r}} + b_{2r-1}^n \frac{\varphi^2(x)}{n^{2r-1}} + \cdots + b_{r+1}^n \frac{\varphi^{2r-2}(x)}{n^{r+1}}\right) \left(1 + O\left(\frac{1}{n}\right)\right), \quad (11.1.2)$$

这里 b_j^n 对 n 来说一致有界且不依赖于 x.

证明　首先注意到对所有的 $p \in \Pi_{2r}$, $M_n^{(2r)} p = p$, 所以,

$$M_n^{(2r)}\big((t-x)^{2r}, x\big) = 0,$$

那么

$$M_n^{(2r)}\big((t-x)^{2r}, x\big) - M_n^{(2r-1)}\big((t-x)^{2r}, x\big) = \alpha_{2r}^n(x) M_{n,2r}\big((t-x)^{2r}, x\big).$$

于是, 有

$$M_n^{(2r-1)}\big((t-x)^{2r}, x\big) = -\alpha_{2r}^n(x) M_{n,2r}\big((t-x)^{2r}, x\big).$$

利用等式[15]

$$M_{n,2r}(f, x) = \frac{(n+1)!n!}{(n-2r)!(n+2r)!} \sum_{k=0}^{n-2r} p_{n-2r,k}(x) \int_0^1 p_{n+2r,k+2r}(t) f^{(2r)}(t) dt,$$

有

$$M_{n,2r}\big((t-x)^{2r}, x\big) = \frac{(n+1)!n!(2r)!}{(n-2r)!(n+2r)!} = (2r)! \left(1 + O\left(\frac{1}{n}\right)\right).$$

所以

$$M_n^{(2r-1)}\big((t-x)^{2r}, x\big) = -(2r)! \alpha_{2r}^n(x) \left(1 + O\left(\frac{1}{n}\right)\right). \quad (11.1.3)$$

另外还有

$$\alpha_{2r}^n(x) = b_{2r}^n \frac{1}{n^{2r}} + b_{2r-1}^n \frac{\varphi^2(x)}{n^{2r-1}} + \cdots + b_r^n \frac{\varphi^{2r}(x)}{n^r}, \quad (11.1.4)$$

这里 b_j^n 关于 n 一致有界且不依赖于 x.

由 [75, 定理 4.2, 表 2] 知道 $\lim_n n^r \alpha_{2r}^n(x)$ 存在, 而且

$$\lim_n n^r \alpha_{2r}^n(x) = \frac{(-1)^r \varphi^{2r}(x)}{2^r(r!)}. \quad (11.1.5)$$

结合上述等式和 (11.1.4), 得到 (11.1.4) 中的系数 b_r^n 的表达式:

$$\lim_n b_r^n = \frac{(-1)^r}{2^r(r!)}.\tag{11.1.6}$$

最后综合 (11.1.3)–(11.1.6), 得到 (11.1.2). □

引理 11.1.4 对于 $f \in W^{2r}(\varphi)$, $1 < p \leqslant \infty$, 有

$$\|\varphi^{2r+1}D^{2r+1}(M_n^{2r-1}f)\|_p \leqslant C\sqrt{n}\|\varphi^{2r}f^{(2r)}\|_p.\tag{11.1.7}$$

证明 由 [15, (2.6)], 对于 $x \in [0,1]$, $1 < p \leqslant \infty$, $r, s \in N_0 = N \cup \{0\}$, 有

$$\|\delta_n^s(x)\varphi^{2r}(x)D^{2r+s}M_n(f,x)\|_p \leqslant Cn^{\frac{s}{2}}\|\varphi^{2r}f^{(2r)}\|_p.$$

所以,

$$\|\varphi^{2r+m}(x)D^{2r+m}M_n(f,x)\|_p^{E_n} \leqslant Cn^{\frac{m}{2}}\|\varphi^{2r}f^{(2r)}\|_p, \quad m \geqslant 0.\tag{11.1.8}$$

利用 (11.1.1) 和 (11.1.8) 可得

$$\left\|\varphi^{2r+1}(x)D^{2r+1}\sum_{j=0}^{2r-1}\alpha_j^n(x)M_{n,j}(f,x)\right\|_p^{E_n}$$

$$\leqslant \sum_{j=0}^{2r-1}\sum_{i=0}^{j}\left\|\varphi^{2r+1}(x)\binom{2r+1}{i}(D^i\alpha_j^n(x))M_{n,2r+1+j-i}(f,x)\right\|_p^{E_n}$$

$$\leqslant C\sum_{j=0}^{2r-1}\sum_{i=0}^{j}\left\|\varphi^{2r+1}(x)n^{\frac{-j+i}{2}}\varphi^{j-i}(x)M_{n,2r+1+j-i}(f,x)\right\|_p^{E_n}$$

$$\leqslant C\sqrt{n}\|\varphi^{2r}f^{(2r)}\|_p.\tag{11.1.9}$$

因为 $(\varphi^{2r+1}(x)D^{2r+1}M_n^{(2r-1)}(f,x))^2$ 是多项式, 所以可以用 [18, 定理 8.4.8] 中的带权多项式逼近的结果, 将区间 $[-1,1]$ 转化为区间 $[0,1]$, 从而得到下面的估计:

$$\left\|(\varphi^{2r+1}D^{2r+1}(M_n^{(2r-1)}f))^2\right\|_p^{[0,1]}$$

$$\leqslant M\left\|(\varphi^{2r+1}D^{2r+1}(M_n^{(2r-1)}f))^2\right\|_p^{E_n},\tag{11.1.10}$$

这里 M 不依赖于 n. 于是由 (11.1.9) 和 (11.1.10) 得到 (11.1.7). □

引理 11.1.5 对于 $f \in L_p[0,1]$ ($1 < p \leqslant \infty$), 有

$$\|\varphi^{2r}D^{2r}(M_n^{(2r-1)}f)\|_p \leqslant Cn^r\|f\|_p.\tag{11.1.11}$$

引理 11.1.6　对于 $f \in W^{2r+1}(\varphi)$，有

$$M_n^{(2r-1)}(f,x) - f(x) - \frac{(-1)^{r+1}\varphi^{2r}(x)}{2^r n^r(r!)}f^{(2r)}(x)$$

$$=o\left(\frac{1}{n^r}\right)\varphi^{2r}(x)f^{(2r)}(x) + \left(b_{2r}^n\frac{1}{n^{2r}} + b_{2r-1}^n\frac{\varphi^2(x)}{n^{2r-1}} + \cdots + b_{r+1}^n\frac{\varphi^{2r-2}(x)}{n^{r+1}}\right)$$

$$\times f^{(2r)}(x)\left(1 + O\left(\frac{1}{n}\right)\right) + M_n^{2r-1}\left(R_{2r+1}(f,\cdot,x),x\right), \qquad (11.1.12)$$

这里 $\{b_{2r-1}^n, \cdots, b_{r+1}^n\}$ 关于 n 一致有界且不依赖于 x.

证明　由 Taylor 公式展开 f：

$$f(t) = f(x) + (t-x)f'(x) + \cdots + \frac{(t-x)^{2r}}{(2r)!}f^{(2r)}(x) + R_{2r+1}(f,t,x),$$

这里 $R_{2r+1}(f,t,x) = \dfrac{1}{(2r)!}\displaystyle\int_x^t (t-u)^{2r}f^{(2r+1)}(u)du.$

注意到对于所有 $p \in \Pi_{2r-1}$ 都有 $M_n^{(2r-1)}p = p^{[75]}$，故有

$$M_n^{(2r-1)}(f,x) - f(x)$$

$$=M_n^{(2r-1)}\left(\frac{(t-x)^{2r}}{(2r)!},x\right)f^{(2r)}(x) + M_n^{(2r-1)}\left(R_{2r+1}(f,\cdot,x),x\right). \qquad (11.1.13)$$

最后再利用引理 11.1.3 就得到了 (11.1.12).　　　　　　　　　　　　　　□

11.2　主要定理的证明

11.1 节中的引理能够得到下面的主要结果. 它是关于 Bernstein-Durrmeyer 拟内插式算子的 B 型强逆不等式.

定理 11.2.1　设 $f \in L_p[0,1]$ $(1 < p \leqslant \infty)$，$\varphi(x) = \sqrt{x(1-x)}$，$n \geqslant 4r$，$r \in N$，则存在着一个常数 k 使得对于 $l \geqslant kn$，有

$$\omega_\varphi^{2r}\left(f,\frac{1}{\sqrt{n}}\right)_p \leqslant C\left(\frac{l}{n}\right)^r\left(\|M_n^{(2r-1)}f - f\|_p + \|M_l^{(2r-1)}f - f\|_p\right).$$

证明　为了证明结论首先估计 K-泛函 $K_\varphi^{2r}(f,n^{-r})_p$. 挑选函数

$$g = K_n^{(2r-1)}\left(K_n^{(2r-1)}f\right) =: K_n^{2(2r-1)}f.$$

由 K-泛函的定义以及 $K_n^{(2r-1)}$ 的一致有界性 (参见 [75, p243] 和 [19, (3.2)]), 有

$$K_\varphi^{2r}(f, n^{-r})_p$$

$$\leqslant \|f - g\|_p + n^{-r}\|\varphi^{2r}g^{(2r)}\|_p$$

$$= \|f - M_n^{2(2r-1)}f\|_p + n^{-r}\|\varphi^{2r}D^{2r}(M_n^{2(2r-1)}f)\|_p$$

$$\leqslant \|f - M_n^{(2r-1)}f\|_p + \|M_n^{(2r-1)}f - M_n^{2(2r-1)}f\|_p + n^{-r}\|\varphi^{2r}D^{2r}(M_n^{2(2r-1)}f)\|_p$$

$$\leqslant C\|f - M_n^{(2r-1)}f\|_p + n^{-r}\|\varphi^{2r}D^{2r}(M_n^{2(2r-1)}f)\|_p.$$

所以, 只需要估计 $\varphi^{2r}g^{(2r)} = \varphi^{2r}D^{2r}(M_n^{2(2r-1)}f)$. 在引理 11.1.6 中用 $g = M_n^{2(2r-1)}f$ 代替 f, 用 l 代替 n 可得

$$M_l^{(2r-1)}(g, x) - g(x) - \frac{(-1)^{r+1}\varphi^{2r}(x)}{2^r l^r(r!)}g^{(2r)}(x)$$

$$= o\left(\frac{1}{l^r}\right)\varphi^{2r}(x)g^{(2r)}(x) + \left(b_{2r}^l \frac{1}{l^{2r}} + b_{2r-1}^l \frac{\varphi^2(x)}{l^{2r-1}} + \cdots + b_{r+1}^l \frac{\varphi^{2r-2}(x)}{l^{r+1}}\right)$$

$$\times g^{(2r)}(x)\left(1 + O\left(\frac{1}{l}\right)\right) + M_l^{2r-1}\left(R_{2r+1}(g, \cdot, x), x\right). \tag{11.2.1}$$

对于 $x \in E_n$, 有 $n\varphi^2(x) \geqslant 1$. 所以有

$$\left\|\frac{1}{l^{2r}}g^{(2r)}(x)\right\|_p^{E^n} = \left\|\frac{n^r\varphi^{2r}(x)}{l^{2r}n^r\varphi^{2r}(x)}g^{(2r)}(x)\right\|_p^{E^n} \leqslant \frac{1}{l^r}\left(\frac{n}{l}\right)^r\|\varphi^{2r}g^{(2r)}\|_p,$$

$$\left\|\frac{\varphi^2(x)}{l^{2r-1}}g^{(2r)}(x)\right\|_p^{E^n} = \left\|\frac{n^{r-1}\varphi^{2r}(x)}{l^{2r-1}n^{r-1}\varphi^{2r-2}(x)}g^{(2r)}(x)\right\|_p^{E^n} \leqslant \frac{1}{l^r}\left(\frac{n}{l}\right)^{r-1}\|\varphi^{2r}g^{(2r)}\|_p,$$

$$\cdots\cdots$$

$$\left\|\frac{\varphi^{2r-2}(x)}{l^{r+1}}g^{(2r)}(x)\right\|_p^{E^n} = \left\|\frac{n\varphi^{2r}(x)}{l^{r+1}n\varphi^2(x)}g^{(2r)}(x)\right\|_p^{E^n} \leqslant \frac{1}{l^r}\left(\frac{n}{l}\right)\|\varphi^{2r}g^{(2r)}\|_p. \tag{11.2.2}$$

由引理 11.1.2, 有

$$\left\|M_l^{(2r-1)}\left(R_{2r+1}(g, \cdot, x), x\right)\right\|_p^{E_n} \leqslant Cl^{-r-\frac{1}{2}}\|\varphi^{2r+1}g^{(2r+1)}\|_p. \tag{11.2.3}$$

综合 (11.2.1)–(11.2.3) 可得

$$\frac{1}{2^r l^r (r!)} \|\varphi^{2r} g^{(2r)}\|_p^{E_n}$$

$$\leqslant \left\| M_l^{(2r-1)} g - g \right\|_p + o\left(\frac{1}{l^r}\right) \|\varphi^{2r} g^{(2r)}\|_p$$

$$+ C \frac{1}{l^r} \left[\left(\frac{n}{l}\right)^r + \left(\frac{n}{l}\right)^{r-1} + \cdots + \frac{n}{l} \right] \left(1 + O\left(\frac{1}{l}\right) \right) \|\varphi^{2r} g^{(2r)}\|_p$$

$$+ C l^{-r-\frac{1}{2}} \|\varphi^{2r+1} g^{(2r+1)}\|_p. \tag{11.2.4}$$

下面估计不等式 (11.2.4) 右边的第一项和第二项.

$$\left\| M_l^{(2r-1)} g - g \right\|_p$$

$$= \left\| M_l^{(2r-1)} (M_n^{2(2r-1)} f) - M_n^{2(2r-1)} f \right\|_p$$

$$\leqslant \left\| M_l^{(2r-1)} (M_n^{2(2r-1)} f - M_n^{(2r-1)} f) \right\|_p + \left\| M_l^{(2r-1)} (M_n^{(2r-1)} f - f) \right\|_p$$

$$+ \left\| M_l^{(2r-1)} f - f \right\|_p + \left\| f - M_n^{(2r-1)} f \right\|_p + \left\| M_n^{(2r-1)} (f - M_n^{(2r-1)} f) \right\|_p$$

$$\leqslant C (\left\| M_n^{(2r-1)} f - f \right\|_p + \|M_l^{(2r-1)} f - f\|_p). \tag{11.2.5}$$

利用 (11.1.7) 和 (11.1.11), 可得

$$\|\varphi^{2r+1} g^{(2r+1)}\|_p$$

$$= \|\varphi^{2r+1} D^{2r+1} (M_n^{2(2r-1)} f)\|_p$$

$$\leqslant C\sqrt{n} \left\| \varphi^{2r} D^{2r} (M_n^{(2r-1)} f) \right\|_p$$

$$\leqslant C\sqrt{n} \left(\|\varphi^{2r} D^{2r} (M_n^{2(2r-1)} f)\|_p + \|\varphi^{2r} D^{2r} (M_n^{(2r-1)} (M_n^{(2r-1)} f - f))\|_p \right)$$

$$\leqslant C\sqrt{n} (\|\varphi^{2r} g^{(2r)}\|_p + n^r \|M_n^{(2r-1)} f - f\|_p). \tag{11.2.6}$$

所以由 (11.2.4)–(11.2.6), 有

$$\frac{1}{2^r l^r (r!)} \|\varphi^{2r} g^{(2r)}\|_p^{E_n}$$

$$\leqslant C (\left\| M_n^{(2r-1)} f - f \right\|_p + \|M_l^{(2r-1)} f - f\|_p)$$

$$+ C \left(\frac{n}{l}\right)^{r+\frac{1}{2}} \left\| M_n^{(2r-1)} f - f \right\|_p + C l^{-r} \left(\frac{n}{l}\right)^{\frac{1}{2}} \|\varphi^{2r} g^{(2r)}\|_p$$

$$+ C \frac{1}{l^r} \left[\left(\frac{n}{l}\right)^r + \left(\frac{n}{l}\right)^{r-1} + \cdots + \frac{n}{l} + o(1) \right] \|\varphi^{2r} g^{(2r)}\|_p. \tag{11.2.7}$$

因为 $\varphi^{2r} g^{(2r)} = \varphi^{2r} D^{2r} (M_n^{2(2r-1)} f)$ 是多项式. 和 (11.1.10) 式相同的原因, 有

$$\|\varphi^{2r} g^{(2r)}\|_p^{[0,1]} \leqslant M \|\varphi^{2r} g^{(2r)}\|_p^{E_n}, \tag{11.2.8}$$

这里 M 不依赖于 n. 于是由 (11.2.7) 和 (11.2.8) 可得

$$\frac{1}{2^r l^r (r!)} \|\varphi^{2r} g^{(2r)}\|_p$$

$$\leqslant \frac{M}{2^r l^r (r!)} \|\varphi^{2r} g^{(2r)}\|_p^{E_n}$$

$$\leqslant CM(\|M_n^{(2r-1)} f - f\|_p + \|M_l^{(2r-1)} f - f\|_p) + CM \left(\frac{n}{l}\right)^{r+\frac{1}{2}} \|M_n^{(2r-1)} f - f\|_p$$

$$+ CM \frac{1}{l^r} \left[\left(\frac{n}{l}\right)^r + \left(\frac{n}{l}\right)^{r-1} + \cdots + \frac{n}{l} + \left(\frac{n}{l}\right)^{\frac{1}{2}} + o(1)\right] \|\varphi^{2r} g^{(2r)}\|_p. \quad (11.2.9)$$

因为 k 足够大, 所以可以挑选 $l \geqslant kn$ 使得

$$CM \frac{1}{l^r} \left[\left(\frac{n}{l}\right)^r + \left(\frac{n}{l}\right)^{r-1} + \cdots + \frac{n}{l} + \left(\frac{n}{l}\right)^{\frac{1}{2}} + o(1)\right] \leqslant \frac{1}{2 \cdot 2^r l^r (r!)}. \quad (11.2.10)$$

由 (11.2.9) 和 (11.2.10) 可得

$$\frac{1}{2 \cdot 2^r l^r (r!)} \|\varphi^{2r} g^{(2r)}\|_p \leqslant C\{\|M_n^{(2r-1)} f - f\|_p + \|M_l^{(2r-1)} f - f\|_p\}.$$

所以

$$K_\varphi^{2r}(f, n^{-r})_p$$

$$\leqslant C\|f - M_n^{(2r-1)} f\|_p + n^{-r} \|\varphi^{2r} g^{(2r)}\|_p$$

$$\leqslant C\|f - M_n^{(2r-1)} f\|_p + C\left(\frac{l}{n}\right)^r (\|M_n^{(2r-1)} f - f\|_p + \|M_l^{(2r-1)} f - f\|_p)$$

$$\leqslant C\left(\frac{l}{n}\right)^r (\|M_n^{(2r-1)} f - f\|_p + \|M_l^{(2r-1)} f - f\|_p).$$

利用光滑模与 K-泛函的关系, 得到

$$\omega_\varphi^{2r}\left(f, \frac{1}{\sqrt{n}}\right)_p \leqslant C\left(\frac{l}{n}\right)^r (\|M_n^{(2r-1)} f - f\|_p + \|M_l^{(2r-1)} f - f\|_p).$$

于是完成了定理的证明. □

这样的话, 也就得到了定理 J.

参 考 文 献

[1] Adell J A, Sangüesa C. A strong converse inequality for Gamma-type operators. Constructive Approximation, 1999, 15: 537-551.

[2] Becker M. Global approximation theorems for Szász Mirakyan and Baskakov operators in polynomials weight spaces. Indiana University Mathematics Journal, 1978, 27: 127-142.

[3] Berens H, Lorentz G. Inverse theorems for Bernstein polynomials. Indiana University Mathematics Journal, 1972, 21: 693-708.

[4] Berens H, Xu Y. K-moduli, moduli of smoothness, and Bernstein polynomials on a simplex. Indagationes Mathematicae. New Series, 1991, 2: 411-421.

[5] Cheng F. On the rate of convergence of Bernstein polynomials of functions of bounded variation. Journal of Approximation Theory, 1983, 39: 259-274.

[6] 陈文忠. 算子逼近论. 厦门: 厦门大学出版社, 1989.

[7] Chen W. Strong converse inequality for the F operators. Analysis, 1994, 14: 267-279.

[8] Chen W, Ditzian Z. Strong converse inequality for Kantorovich polynomials. Constructive Approximation, 1994, 10: 95-106.

[9] Chen W, Ditzian Z, Ivanov K. Strong converse inequality for the Bernstein-Durrmeyer operator. Journal of Approximation Theory, 1993, 75: 25-43.

[10] DeVore R A. The Approximation of Continuous Functions by Positive Linear Operators. Lecture Notes in Mathematics, 293, Berlin, New York: Springer-Verlag, 1972.

[11] Ditzian Z. A Global inverse theorem for combinations of Bernstein polynomials. Journal of Approximation Theory, 1979, 26: 277-292.

[12] Ditzian Z. Rate of approximation of linear processes. Acta Scientiarum Mathematicarum, 1985, 48: 103-128.

[13] Ditzian Z. Inverse theorems for multidimensional Bernstein operators. Pacific Journal of Mathematics, 1986, 121: 293-319.

[14] Ditzian Z. Direct estimate for Bernstein polynomials. Journal of Approximation Theory, 1994, 79: 165-166.

[15] Ditzian Z, Ivanov K. Bernstein-type operators and their derivatives. Journal of Approximation Theory, 1989, 56: 72-90.

[16] Ditzian Z, Ivanov K. Strong converse inequalities. Journal d'Analyse Mathématique, 1993, 61: 61-111.

[17] Ditzian Z, Jiang D. Approximation of function by polynomials in $C[-1, 1]$. Canadian Journal of Mathematics, 1992, 44: 924-940.

[18] Ditzian Z, Totik V. Moduli of Smoothness. Berlin, New York: Springer-Verlag, 1987.

[19] Duan L, Li C. The global approximation by left-Bernstein-Durrmeyer quasi-interpolants in $L_p[0,1]$. Analysis in Theory and Applications, 2004, 20: 242-251.

[20] Gonska H H, Zhou X L. The Strong converse inequality for Bernstein-Kantorovich operators. Computers & Mathematics with Applications, 1995, 30: 103-128.

[21] Guo S, Li C, Sun Y, Yang G, Yue S. Pointwise estimate for Szase-type operators. Journal of Approximation Theory, 1998, 94: 160-171.

[22] Guo S, Li C, Liu X, Song Z. Pointwise approximation for linear combinations of Bernstein operators. Journal of Approximation Theory, 2000, 107: 109-120.

[23] 郭顺生, 刘国芬. Bernstein-Kantorovich 算子拟中插式的强逆不等式. 数学学报, 2010, 53: 109-116.

[24] Guo S, Liu G, Yang X. Strong converse inequality for left Bernstein-Durrmeyer quasi-interpolants. Journal of Inequalities and Applications, 2015, 367: 1-9.

[25] 郭顺生, 刘丽霞. Beta 算子的点态逼近结果. 西南师范大学学报: 自然科学版, 2002, 27: 686-691.

[26] 郭顺生, 刘丽霞. 关于 Bernstein-Durrmeyer 算子的 Stechkin-Marchaud 型不等式. 应用泛函分析学报, 2002, 4: 193-198.

[27] Guo S, Liu L, Liu X. Pointwise estimates for modified Bernstein operators. Studia Scientiarum Mathematicarum Hungarica, 2001, 37: 69-81.

[28] Guo S, Liu L, Qi Q. Pointwise estimate for linear combinations of Bernstein-Kantorovich operators. Journal of Mathematical Analysis and Applications, 2002, 265: 135-147.

[29] Guo S, Liu L, Qi Q, Zhang G. A strong converse inequality for left Gamma quasi-interpolants in L_p spaces. Acta Mathematica Hungarica, 2004, 105: 17-26.

[30] Guo S, Liu L, Song Z. Steckin-Marchaud-type inequalities in connection with Bernstein-Kantorovich polynomials. Northeastern Mathematical Journal, 2000, 16: 319-328.

[31] 郭顺生, 刘喜武, 李翠香. Bernstein-Durrmeyer 算子线性组合的点态逼近定理. 数学年刊 A 辑: 中文版, 2001, 22: 297-306.

[32] 郭顺生, 齐秋兰. Szász 型算子同时逼近的点态估计. 应用数学学报, 1998, 21: 363-370.

[33] Guo S, Qi Q. Pointwise estimates for Bernstein-type operators. Studia Scientiarum Mathematicarum Hungarica, 1999, 35: 237-246.

[34] 郭顺生, 齐秋兰. Bernstein 算子的强逆不等式. 数学学报, 2003, 46: 891-896.

[35] Guo S, Qi Q, Liu L. Pointwise approximation by Baskakov quasi-interpolants. Computers & Mathematics with Applications, 2005, 49: 1011-1020.

[36] Guo S, Tong H, Zhang G. Steckin-Marchaud type inequalities in connection with Baskakov operators. Journal of Approximation Theory, 2002, 114: 33-47.

[37] Guo S, Tong H, Zhang G. Pointwise weighted approximation by Bernstein opetators. Acta Mathematica Hungarica, 2003, 101: 293-311.

[38] 郭顺生, 杨戈. Baskakov-Durrmeyer 型算子同时逼近的强逆不等式. 数学年刊 A 辑: 中文版, 1997, 18: 553-562.

[39] Guo S, Yue S, Li C, Yang G, Sun Y. A pointwise approximation theorem for linear combinations of Bernstein polynomials. Abstract and Applied Analysis, 1996, 1: 397-

406.

[40] Guo S, Zhang G, Liu G. Strong converse inequality for left Bernstein-Kantorovich quasi-interpolants. Applied Mathematics Letters, 2009, 22: 175-181.

[41] 郭顺生, 张更生, 刘丽霞. Szász-Mirakyan Kantorovich 算子拟中插式的逼近等价定理. 数学年刊: 中文版, 2005, 26: 7-18.

[42] Guo S, Zhang G, Liu L. Pointwise approximation by Szász-Mirakyan quasi-interpolants. Journal of Mathematical Research and Exposition, 2009, 29: 629-638.

[43] Guo S, Zhang G, Qi Q, Liu L. Pointwise approximation by Bernstein quasi-interpolants. Numberical Functional Analysis and Optimization, 2003, 24: 339-349.

[44] Guo S, Zhang G, Liu L. Approximation equivalence theorem of Szász-Mirakyan Kantorovich quasi-interpolants. Chinese Journal of Contemporary Mathematics, 2005, 26: 9-20.

[45] 郭顺生, 张更生, 齐秋兰, 刘丽霞. Bernstein-Durrmeyer 算子拟中插式的逼近. 数学学报, 2005, 48: 681-692.

[46] Guo S, Zhang G, Qi Q, Liu L. Pointwise weight approximation by left Gamma quasi-interpolants. Journal of Computational Analysis and Applications, 2005, 7: 71-80.

[47] Heilmann, M, Müller M W. Equivalence of a weighted Modulus of Smoothness and a Modified Weighted K-Functional. Progress in Approximation Theory, 467-473, Boston, M A: Academic Press, 1991.

[48] Herzog F, Hill J D. The Bernstein polynomials for discontinuous functions. American Journal of Mathematics, 1946, 68: 109-124.

[49] Kantorovich L. Sur certains développements suivant les polynômes de la forme de S. Bernstein I, II. Comptes Rendus de l'Academie des Sciences de l'URSSR, 1930, 563-568: 595-600.

[50] Korovkin P P. Linear operators and approximation theory// Maclane G R, ed. Russian Monographs and Texts on Advanced Mathematics and Physics, Vol. III. New York, Inc: Gordon and Breach Publishers, India Hindustan Publishing Corp. Delhi, 1960: vii+222.

[51] 李翠香. Baskakov 算子加权逼近的点态结果. 四川大学学报, 2000, 37: 33-38.

[52] 李松. 关于 Szász-Kantorovich 算子的强逆不等式. 数学杂志, 1996, 16: 137-142.

[53] Liu L, Shi L, Guo S. Pointwise approximation by Bernstein-Kantorovich quasi-interpolants. Analysis (Munich), 2006, 26: 259-272.

[54] 刘丽霞, 习永凯, 郭顺生. Szász-Kantorovich 算子的加权逼近. 华中师范大学学报: 自然科学版, 2002, 36: 269-272.

[55] Liu X, Guo S. Pointwise results of weighted simultaneous approximation for Szász operators. Southeast Asian Bulletin of Mathematics, 2000, 24: 573-583.

[56] Lorentz G G. Approximation of Function. Holt, Rinehart and Winston, New York, Chicago, Ill.-Toronto, Ont, 1966.

[57] Lorentz G G. Approximation Theory//Lorentz G G, Berens H, Cheney E W, Schumaker L L, ed. Proceedings of an International Symposium conducted by the University of Texas and the National Science Foundation at Austin Tex., January 22-24, 1973 New

York, London: Academic Press, Inc., 1973.

[58] Lupas A, Mache D H, Müller M W. Weight L_p approximation of derivatives by the method of Gamma operators. Results in Mathematics, 1995, 28: 277-286.

[59] Lupas A, Mache D H, Maier V, Müller M W. Linear combinations of Gamma operators in L_p-spaces. Results in Mathematics, 1998, 34: 156-168.

[60] Lupas A, Mache D H, Maier V, Müler M W. Certain results involving Gamma operators//Müller M W, Buhmann M, Mache D H, Felten M, ed. New Developments in Approximation Theory (International Series of Numerical Mathematics Vol. 132). Basel: Birkhäuser-Verlag, 1998: 199-214.

[61] Lupas A, Müller M W. Approximation seigenschaften der Gamma operatoren. Mathematische Zeitschrift, 1967, 98: 208-226.

[62] Mache D H. Equivalence theorem on weighted simultaneous approximation by the method of Kantorovich operators. Journal of Approximation Theory, 1994, 77: 351-363.

[63] Mache P, Mache D H. Approximation by Bernstein quasi-interpolants. Numerical Functional Analysis and Optimization, 2001, 22: 159-175.

[64] Mache P, Müller M W. The method of left Baskakov quasi-interpolants. Mathematica Balkanica, 2002, 16: 131-151.

[65] Maier V. The L_1 saturation class of the Kantorovich operator. Journal of Approximation Theory, 1978, 22: 223-232.

[66] Maier V. L_p-approximation by Kantorovich operator. Analysis Mathematica, 1978, 4: 289-295.

[67] Mazhar S M, Totik V. Approximation by modified Szász operators. Acta Scientiarum Mathematicarum, 1985, 49: 257-269.

[68] Müller M W. Punktweise und gleichmässige approximation durch Gamma operatoren. Mathematische Zeitschrift, 1968, 103: 227-238.

[69] Müller M W. The central approximation theorems for the method of left Gamma quasi-interpolants in L_p space. Journal of Computational Analysis and Applications, 2001, 3: 207-221.

[70] Qi Q, Guo S, Song Z, Liu L. Pointwise estimate for linear combinations of Gamma operators. Southeast Asian Bulletin of Mathematics, 2002, 26: 321-329.

[71] Sablonnière P. Bernstein quasi-interpolants on a simplex, constructive approximation? (Oberwolfach meeting, july 30-august 5, 1989), Publ. LANS 21, INSA de Rennes, 1989.

[72] Sablonnière P. Bernstein quasi-interpolants on [0, 1]. Multivariate approximation theory, IV (Oberwolfach, 1989), 287-294, International Series of Numerical Mathematics, Basel: Birkhäuser, 1989.

[73] Sablonnière P. Bernstein type quasi-interpolants. Curves and Surfaces (Chamonix-Mont-Blanc, 1990), Boston, M A: Academic Press, 1991: 421-426.

[74] Sablonnière P. A family of Bernstein quasi-interpolants on [0, 1]. Approximation Theory and Its Applications, 1992, 8: 62-76.

[75] Sablonnière P. Representation of quasi-interpolants as differential operators and applica-

tions. New Developments in Approximation Theory (Dortmund, 1998), 233-253, International Series of Numerical Mathematics, Basel: Birkhäuser, 1999.

[76] 孙永生. 函数逼近论. 北京: 北京师范大学出版社, 1988.

[77] Sun X H. On Bernstein polynomials functions of bounded variation of order p. Approximation Theory and Its Applications, 1986, 2: 27-37.

[78] Diallo A T. Szász-Mirakyan Quasi-Interpolants. Curves and Surfaces (Chamonix-Mont-Blanc, 1990), Boston, MA: Academic Press, 1991: 149-156.

[79] Diallo A T. Rate of convergence of Bernstein quasi-interpolants. Miramarc-Tricste, Italy, 1995.

[80] Diallo A T. Rate of convergence of Szász-Mirakyan quasi-interpolants. ICTP preprint IC/97/138, Miramarc-Tricste, Italy, 1997.

[81] Totik V. Approximation by Szász-Mirakyan Kantorovich operators in L_p ($p > 1$). Analysis Mathematica, 1983, 9: 147-167.

[82] Totik V. Uniform approximation by Szász-Mirakyan operators. Acta Mathematica Hungarica, 1983, 41: 291-307.

[83] Totik V. The Gamma operators in L_p-spaces. Publicationes Mathematicae Debrecen, 1985, 32: 43-55.

[84] Totik V. Strong converse inequalities. Journal of Approximation Theory, 1994, 76: 369-375.

[85] Totik V. Approximation by Bernstein Polynomials. American Journal of Mathematics, 1994, 116: 995-1018.

[86] van Wickeren E. Weak-type inequalities for Kantorovich polynomials and related operators. Indagationes Mathematicae, 1987, 49: 111-120.

[87] Wu Z. Norm of the Bernstein left-quasi-interpolant operator. Journal of Approximation Theory, 1991, 66: 36-43.

[88] Xie L S. Uniform approximation by combinations of Bernstein polynomials. Approximation Theory and Its Applications, 1995, 11: 36-51.

[89] 宣培才, 周定轩. Baskakov 算子加权逼近的收敛阶. 应用数学学报, 1995, 18: 129-139.

[90] Zhang Z. On weighted approximation by Bernstein-Durrmeyer operators. Approximation Theory and Its Applications, 1991, 7: 51-64.

[91] Zhou D X. Uniform approximation by some Durrmeyer operators. Approximation Theory and Its Applications, 1990, 6: 87-100.

[92] 周定轩. Bernstein 算子加 Jacobi 权的收敛阶. 数学学报, 1992, 35: 331-338.

[93] Zhou D X. On multivariate Kantorovich operators in L_p. Analysis Mathematica, 1993, 19: 85-100.

[94] Zhou D X. Weighted approximation by Szász-Mirakyan operators. Journal of Approximation Theory, 1994, 76 : 393-402.

索　引

带权逼近, 5
等价定理, 4, 12
递推公式, 3
点态逼近, 4, 5, 38
点态带权逼近, 18

光滑模, 2

拟内插式算子, 2
逆定理, 12

强逆不等式, 7

统一光滑模, 2, 4

正定理, 4, 9

B 型强逆不等式, 8, 82, 96, 106
K-泛函, 2, 87, 93, 103, 105, 110, 113
Baskakov 拟内插式算子, 5, 28
Baskakov 算子, 2
Bernstein 拟内插式算子, 3, 9

Bernstein 算子, 1
Bernstein-Durrmeyer 拟内插式算子, 49
Bernstein-Durrmeyer 算子, 1
Bernstein-Kantorovich 拟内插式算子, 8, 96
Bernstein-Kantorovich 算子, 1
Ditzian-Totik 带权光滑模, 21
Ditzian-Totik 光滑模, 3
Gamma 拟内插式算子, 4, 18
Gamma 算子, 2
Hölder 不等式, 16, 37, 56, 72, 78
Jacobi 多项式, 50
Laguerre 多项式, 23, 92
Riesz-Thorin 定理, 69, 73, 77
Szász-Mirakyan Kantorovich 拟内插式算子,
　　　6, 64
Szász-Mirakyan Kantorovich 算子, 1
Szász-Mirakyan 拟内插式算子, 5, 38
Szász-Mirakyan 算子, 1
Taylor 公式, 86